U0076367

好感居家
配色全書

東販編輯部　編著

CONTENTS

Chapter 1 ｜基礎 BASIC｜

認識色彩

Chapter **2** │空間 SPACE│

色彩應用

CONTENTS

附錄

Chapter1 基礎 BASIC ·······················

認識色彩

色彩隱藏的真意，配色從認識顏色開始

打從嬰兒開始，人們就本能地藉身體各種感覺器官來認識世界，從眼、耳、鼻、舌、身來跟外界作連結與溝通，其中眼睛更是感知事物最直接的器官。據研究顯示 80% 的外界訊息會經由視覺傳達至大腦，這正說明視覺感知的重要性。而當我們進一步分析，發現視覺影像主要是由色彩與形體所形構，尤其色彩傳達速度較形體更快，帶來的衝擊與影響也更巨大，讓生活與色彩緊密結合。

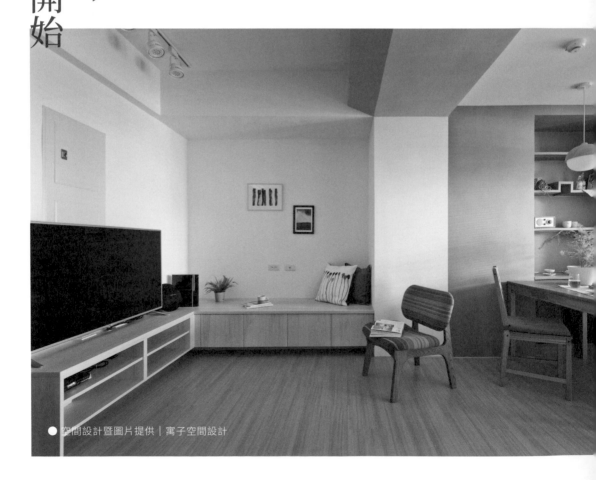

● 空間設計暨圖片提供｜寓子空間設計

「光線」是構成色彩存在的必要因素，透過不同的偏折，創造出七彩色光，視覺也才得以辨識出各式各樣的顏色、大小、明暗和形狀。

● 空間設計暨圖片提供｜寓子空間設計

認識顏色

光是色彩背後的靈魂

　　眾所皆知，眼睛之所以能看到物體的色彩，主要是因為物體受到光源反射或穿透，進而讓物品的顏色展現，少了光，再繽紛的物體也失去光彩。因此，光與顏色稱得上是一體二面，在我們討論色彩對於空間改變的同時，也不能忽略環境光對於顏色的影響，尤其空間中的色彩表現更是離不開光。如果單純探討色彩，色彩本身可區分為無彩色與有彩色二大類，無彩色主要指黑、灰、白之間的灰階變化，只有

明度變化而無色相與彩度；至於有彩色則泛指一般的顏色，被稱之為紅、橙、黃、綠、藍、紫如彩虹般的色相，可再搭配高低明度與不同彩度的交叉變化，調出不可數計的多彩世界。

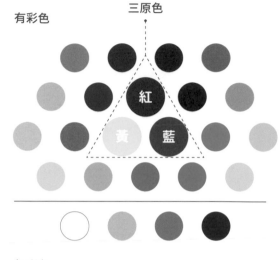

紅、黃、藍三原色，為色彩之母

說到顏色，首先就要認識被稱為色彩三原色的紅、黃、藍三色，所有色彩都是由這三種原色相調和而成，這是源自瑞士設計師約翰‧伊登所提出的理論，其所提出的「伊登色相環」便可證明此理論。

以「伊登色相環」來看，將色相環的等邊三角形中的紅、黃、藍三原色視為第一次色；接著將三原色中相鄰的二個顏色等量相加調配可產生橙、綠、紫三色，此為第二次色；最後，將第一次色與第二次色中相鄰的顏色再度以等量互調，可調出此相鄰二色的中間色，也就是第三次色，例如黃與綠可得黃綠色、藍與紫則為藍紫色，如此便有十二色，也就形成伊登色相環。

不同色彩群組，配搭豐富表情

仔細觀察色相環，在相對 180 度的兩個顏色稱之為互補色，而位在鄰近區域的顏色由於顏色相近稱為鄰近色，另外當單一顏色只根據明度做出變化，而衍生出各種色彩，這些延伸出的顏色被歸納為同色系，在進行色彩搭配時，只要了解了這三種色彩群組特質，就可幫助色彩應用更為豐富、多變。

鄰近色： 在色環表中指定一色相為主要色彩，而其左、右兩邊的鄰近色彩均可稱之為此色彩的鄰近色。例如：黃色二側的黃橘色與黃綠色就屬於鄰近色。鄰近色配色效果除和諧外，色彩的變化較同色系稍為豐富些。

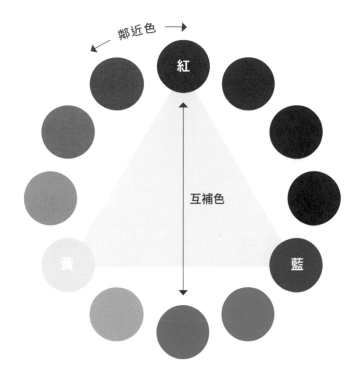

互補色：在色環中的某一色相，其對向最遠端的色彩就是其互補色。例如，紅色的互補色為綠色，而紫色互補色則為黃色。互補色配色可創造活潑、鮮明視覺效果，展現較大的畫面張力。

同色系：同一個色相隨著明度的變化，或是彩度的不同，就可產生不同的色彩，這些色彩均屬同一色系。同色系的色彩搭配法很常見，可展現色彩協調性，也被認為是最安全的配色法。

透析顏色屬性：色相‧明度‧彩度

了解了顏色如何透過互相疊加，而成了目前所知的各種顏色之後，接下來則要進一步了解色彩的屬性，並學會利用明度、彩度，來擴增色彩廣度，以便可以更加靈活使用色彩。

色相：簡單說就是色彩的名稱，也可以解釋為色彩相貌的意思。例如紅、橙、黃、綠、藍、紫六大基本色相，以及黑色、灰色、白色等均為色相名。

● 色相

明度：亦可稱之為亮度，是指色彩的明暗或深淺程度。以無色彩來說，白色明度最高，黑色明度則最低，而中間灰階部分則是依加入的黑色成分多寡而改變明度，黑色遞增時明度遞減，也就是顏色愈深明度愈低。在有色彩部分，同樣是以一個色彩混入白色可提高明度，混入黑色則降低明度。但是不同色彩本身也有明度差異，在光譜色中黃色明度最高，紫色明度則是最低。

彩度：是色彩純度的表示，換言之，就是色彩的鮮豔程度，鮮豔度（純度）愈高則顏色的彩度愈高，反之在一種純色中加入白、灰或黑色則會降低色彩純度，其彩度也就降低。與明度不同的是，色彩中無論加入白或黑同樣都會讓彩度降低。

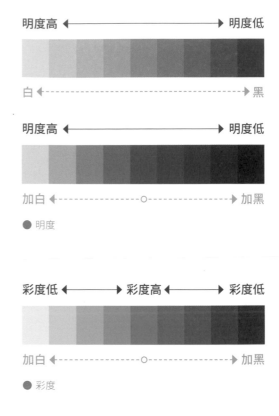

明度高 ←————————→ 明度低

白 ←- - - - - - - - - - - - - - - -→ 黑

明度高 ←————————→ 明度低

加白 ←- - - - - - - - - ○ - - - - - - - -→ 加黑

● 明度

彩度低 ←——→ 彩度高 ←——→ 彩度低

加白 ←- - - - - - - - - ○ - - - - - - - -→ 加黑

● 彩度

色彩心理學

色彩遇見人，激盪出更多溫度與表情

色彩本身並無情緒的，但是，當色彩與人相遇則產生化學反應，除了是因為人們懂得運用色彩來進行創作、設計、美化生活等行為外，色彩其實還具有鼓舞或安撫情緒的作用，同時還會因每個人的生活經歷、性別、年齡、職業、種族文化的不同，對於色彩的偏好與情感寄託也會有所差異，這也形成了色彩心理學。

● 空間設計暨圖片提供｜寓子空間設計

● 空間設計暨圖片提供 | 分寸設計 CMYK-studio、實適空間設計

將冷暖色應用在空間裡，可勾勒出空間的冷暖印象，進而可影響居住者心理感受。

暖色系 VS 冷色系

　　色彩之所以能產生冰冷或溫暖的感覺，主要原因可分為先天與後天二部份。色彩因本身波長不一樣，長波長的色彩容易讓人感覺溫暖，被稱之為暖色系，如黃、橘、紅；短波長的色彩則給人寒冷感受，如綠、藍、紫被稱為是冷色系。另一方面，對於色彩的冷暖感知還會受到後天的個人經驗影響，由於我們在生活中見到的火焰為紅色、燈光為黃色、冰原為藍色、森林為綠色，這些自然萬物帶來的生活經驗，會讓人有既定印象，因此當見到紅色，心中會聯想到火焰的感覺，因而直覺地感受到色彩的冷暖感受。

　　基於以上理論，當顏色被運用在空間時，冷暖色系同時也具備了改變空間溫度與空間印象能力，暖色系理所當然給人較為溫暖、熱情的情緒感受，冷色系則是讓人對空間產生冰冷、理性印象，若能針對空間的功能、屬性選擇相應色彩，空間氛圍會更加乘。不過色彩搭配運用也並非絕對，只要懂得利用周邊色彩加以搭配，或利用明暗微調，改變顏色的原始印象，就能為居家空間找出更多有趣的色彩玩法與變化。

前進色 VS 後退色

　　同樣距離放上不同色彩，有些色彩會特別鮮明，感覺距離較近，有些色彩則感覺模糊，會有後退的感覺。這種因色彩造成遠近感的差異現象，被分析歸類為前進色與後退色，由於兩種顏色特性各自不同，因而會產生不同的心理感受，當居家空間在進行色彩計劃時，建議可將此色彩原理納入參考，以便能更加精準型塑出理想中的空間氛圍。

　　前進色：泛指暖色系或明度高、彩度高的色彩，前進色一般給人鮮明感受，且會讓視覺產生拉近距離的逼近感，這類色彩多半予人歡愉、溫馨、富足或熱烈的感受，常見於生氣勃勃、希望能激勵人心的場合，也被稱為積極色彩，如紅、橙、黃或是白色，這類色系在空間的運用要特別注意比例上的分配，因為使用過多反而容易讓人情緒過於亢奮，無法在空間久待。

　　後退色：冷色系及明度低、彩度低的色彩稱之為後退色，後退色給人的視覺印象不強烈，較不會有逼近或壓迫感，甚至有退縮感。此類色彩具有沉澱心神、穩定情緒的效果，給人冷靜、和平、安詳的感受，例如藍色、灰、黑色等，是所謂的消極色彩，然而適度利用後退色原理，其實能製造出空間放大效果，改變多數人對放大空間只能用淺色系的既定印象。

● 空間設計暨圖片提供｜寓子空間設計

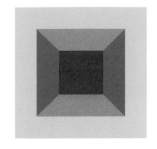

● 前進色
暖色系或明度高、彩度高的色彩，可讓視覺產生拉近距離的逼近感。

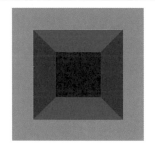

● 後退色
冷色系及明度低、彩度低的色彩，較不會有逼近或壓迫感。

當空間加入色彩，除了賦予豐富的視覺效果，藉由顏色的明度、彩度變化，亦能改變空間印象與氛圍。

色彩空間學

善用色彩，塑造更好生活環境

色彩，是空間規劃中重要的一環。在選擇空間色彩時，首先會考量使用者的色彩偏好，並以此凸顯個人風格品味。不過，除去個人因素，在空間設計來說，透過色彩運用更可創造不同生活氛圍、甚至改變空間明亮度，或是化解空間先天缺陷，因此，也被稱為空間的化妝師。

空間氛圍

除了牆面之外，其實建材、家具、家飾都是可創造空間色彩的重要關鍵。色彩可以藉由任何物件的點、線、面各種不同形式來改變氛圍或修飾空間。從最廣為應用的牆面來看，牆色對於整體氛圍具有決定性影響，例如，大地色調的牆面給人舒壓、自然感受，淺藍色調帶來和平、自由的空間感，淺綠色調則洋溢清新、活力氣息，小女孩房間常用粉紅色調散發甜美溫馨感受，另外，如果想要個性強烈的空間風格不妨選擇純色，如紅色、藍色等空間都讓人印象深刻。

空間大小

　　色彩因波長不同可分為前進色與後退色，過去多有淺色系才能放大空間的觀念，殊不知若能將這項色彩特質適當地被應用在空間中，便能更為靈活利用色彩，讓人對空間產生錯覺，進而調節空間的大小感受。

　　隨著城市生活的空間愈來愈小，每個人都希望可以更有效地利用空間，爭取更寬敞的空間感，此時不妨選擇低彩度、低明度的冷色系來裝飾牆面，利用灰白、淺藍、淺紫等色彩，化解小空間容易給人的狹隘、擁擠感、同時也具有降溫效果。

　　相反地如果空間太過空洞，則可挑選暖色系、彩度與明度均較高的色調，如橙色、黃色之類的色彩，讓冰冷空間增溫，畫面也會顯得豐富些，進而達到調整空間大小的效果。此外，想要空間看起來大一些，可以在天花板選用淺白色調，利用淺色的輕盈特質，達到延伸空間感效果，或者搭配燈光設計，利用白色反射光線原理，讓放大的效果更為顯著。

天花板刻意採用深淺兩色，藉由對比色凸顯天花的白，強調放大延伸空間感，同時還有隱性界定空間功能。

● 空間設計暨圖片提供｜一它設計 i.T Design

灰階色可營造出沉穩、寧靜空間感，搭配黃色光源，可強調令人放鬆的空間氛圍。

● 空間設計暨圖片提供｜天沐設計

空間明暗

　　如何運用色彩來改善空間的明暗度呢？色彩明度是決定空間明暗度的關鍵，也就是當你選定了色彩後，在裡面加入更多白，可提高色彩的明度讓色彩更加明亮，明亮色調可製造明快、活潑的空間感，也能為光線不足的空間帶來明亮，如果材質表面具光澤感，藉由投射效果可讓空間明亮效果加倍，相反地若是霧面材質則會降低明亮度，但空間感也會感覺比較柔和。反之，在色彩中加入愈多黑色則會讓色彩看起來更暗沉，這類較為深沉的色彩具有吸光的特色，在過亮的空間裡，可有效調節光線，並可營造出較為安定、神秘的空間感。

　　當色彩被應用在空間裡，雖然會受限於空間條件，但也讓色彩的運用，因而碰撞出更多的可能性，且更能凸顯出個人特色，與獨特的居家空間，所以別再害怕用色，永遠侷限在黑灰白，只要了解了色彩的屬性與原理，相信每個人都能找出最適合自己的完美配色。

Point 2

用顏色營造氛圍，把空間變成家

色彩，不只能妝點空間，也能引動人的情緒。高明度、高彩度的色系亮眼繽紛，像是明亮的紅色和黃色，能讓人聯想到太陽，向來能讓人心情愉悅，注入充沛活力；而藍色、綠色則有著天空、海水和綠色植物的象徵，能帶來寧靜清新的氣息。因此透過色彩能隨心營造不同氛圍，在居家中呈現多種的視覺變化。

空間設計暨圖片提供｜嶺空間研究室

● 空間設計暨圖片提供｜水相設計

Aura 1 熱情溫暖

　　想在居家營造熱情溫暖氛圍，自然會聯想到紅色和黃色。紅色和黃色屬於三原色，也是暖色系一員，紅色有高度的情緒感染力，能為居家帶來活力，黃色明度高，是象徵陽光的色彩，自然能散發溫暖且有自信的氣息。

　　使用紅黃兩色時，建議一個空間選用一色，或者選擇一面主牆來塗刷紅色或黃色，其餘三面牆則做留白，如此一來不只能強調視覺效果，也可避免被過於澎湃的色彩圍繞，產生疲憊心理。尤其在客廳或餐廳這類長時間停留的區域，若處於亢奮情境過久，不只會感到疲憊，也無法得到應有的休息與放鬆，若屬意暖色系，建議可加入黑降低色彩明度，如此就能兼顧心理與生理的舒適度。此外，若擔心紅、黃色過於大膽，搭配有一定難度，不妨降低彩度，改為使用粉紅、嫩黃，因為當色彩變得柔和，也能帶動情緒上的平和感受。想營造溫暖氛圍，除了直覺式的紅黃色，橘色也是不錯的選擇，因為橘色有著充沛能量的色彩意義，能讓人感到親切和暖意。

配色 TIPS

1 ┃ 選用一面主牆凸顯暖色調

紅色和黃色皆屬高明度與高彩度顏色，大面積塗刷在牆面會更加強調前進色效果，並引發熱情和希望感受，但如果長時間處於高彩度空間，容易有焦慮、浮躁情緒反應，所以建議選擇其中一道主牆塗刷，適度留出餘白空間，反而能凝聚視覺焦點，凸顯主牆特色，也能穩定空間避免情緒過於浮動。

明亮飽和的黃能為空間注入活力，透過木質天花和大地色磚牆沉穩特質，沉澱空間氛圍，緩和明黃色彩度。

● 空間設計暨圖片提供│采荷設計

2 ┃ 以紫、橘相近色營造溫暖氛圍

若不敢使用正紅或黃色，建議可從兩者的鄰近色裡面，選用比較相近的紫色或橘色，紫色是由紅色與藍色兩種顏色混合而成，同時帶有紅色的溫暖與藍色的理性，且有沉穩情緒效果，而且相對於紅、黃兩色，色調較為柔和，比較不會過度刺激視覺。

● 空間設計暨圖片提供│采荷設計

床頭主牆選用紫色作為主視覺，搭配寧靜的淡藍色沉澱空間，同時降低明度，讓粉嫩色系更添夢幻氛圍。

粉橘色為空間主視覺，大面積鋪
陳讓整體更明亮。樓梯牆面以白
做跳色，凸顯視覺層次。搭配粉
橘茶几和復古磚，與牆面相近
的配色，可有效延伸空間視覺。

● 空間設計暨圖片提供｜采荷設計

3 ｜ 運用紅色磚材鋪陳強化視覺

除了可在牆面藉由塗刷漆料來增加色彩，其實透過材質原始的顏色亦能與漆色相互搭
配。其中鄉村風空間經常運用的陶磚、復古磚，磚材原始色澤多偏紅色系，運用在地
板，可透過暖紅提昇空間溫度，仿舊表面處理則能降低紅色對視覺的刺激，為空間奠
定溫暖基礎，與紅色或黃色牆面搭配時，更是強化氛圍的最佳配角。

空間示範

繽紛直線組合呈現經典創意 ┄┄┄┄

碧波蕩漾的風光成為水岸住宅的視角
景致，半弧環繞式開窗，迎來水波匯
流近生活的漣漪，空間設計、色彩配
置計畫依循此軸心發散，將各時段的
波光閃動，化作繽紛多彩的色調，臥
房牆體便以此映照出藍、橘、黃等色
系，以直線排列成仿若 Paul Smith 的
經典組合，一如品牌的幽默創意。

● 空間設計暨圖片提供｜水相設計

● 空間設計暨圖片提供｜采荷設計

牆面和家具用色，延展低調暖意

客廳主牆局部點綴杏桃色，搭
配同色布質茶几，讓空間視覺
得以延展；而杏桃色的粉嫩質
感，低調呈現溫潤暖意。搭配
帶點神祕夢幻的紫色抱枕和單
椅，相似色的設計使空間用色
不混雜。

● 空間設計暨圖片提供｜采荷設計

鮮黃輔以暖紅，高飽和配色點亮空間

餐廳大面積鋪陳鮮黃色，搭配塗佈紅棕色的輕食吧檯，讓鮮豔的紅黃兩色成為空間的矚目焦點。而吧檯玻璃特地採用透光的繽紛布料點綴，注入奔放活力的氣息。搭配粉色櫃體和嫩紫吊燈，在熱情氛圍下也多了柔和調性。

紅牆與壁紙相映，藉暖色製造熱鬧、提升華麗

以磚紅背牆吸引目光；但在主牆以磚紋壁紙貼出仿壁爐煙囪造型，最後結合灰色背景，回應輕法式風格的華麗感。暖色牆雖然在視覺上會有膨脹感，但因有大面採光，且書房隔牆又是清玻璃，加上開放式廚房也以類水泥感的淺灰櫃體鋪陳，透過光線、材質與色彩三者協調，免除空間變窄疑慮。

● 空間設計暨圖片提供｜寓子空間設計

● 空間設計暨圖片提供｜實適空間設計

Aura 2 沉穩寧靜

　　居家向來是心靈的避風港，想創造出寧靜舒適的居家環境，只要在空間裡善用色彩屬性，便能達成空間氛圍的營造。首先想營造沉穩的空間感，最好減少使用明度、彩度過高的顏色，或是在純色加入少量的灰，當彩度被灰色淡化後，便能呈現出更具穩重感的灰階色調，像是鐵灰色、藍灰色、灰綠等；若不介意使用深色，深色系是能為空間帶來沉穩感受的色系之一，尤其會讓人感覺冷冰冰的藍、灰色等深冷色系，其具備的理性特質，反而能為空間注入冷靜氣質，有效緩和、穩定情緒。

　　降低飽和度而產生的濁色，大面積使用雖可帶來平靜和緩的情緒感受，但比例拿捏若不恰當，容易讓人感到陰鬱，建議適時地加入白色、淺米黃等高明度色彩做搭配，不只提昇明亮度也有轉移情緒作用。明度與彩度會因加入的灰、黑比例不同，呈現不同效果，彩度、明度低的顏色，可營造平和、安撫情緒感受，彩度和明度高，則帶來愉悅、活潑心理反應。

配色 TIPS

1 ｜ 溫和的米色系注入大地暖度

運用象徵大地土壤的米色做大面積鋪陳，以淡雅色系讓空間變得溫暖、無壓，同時安定情緒更顯沉靜，此時藉由同為自然元素的溫潤木素材做點綴，其中與淺木色搭配會呈現寧靜中帶點明快的活躍氣息，深木色則會拉低整體空間明亮感，帶來更為平和的沉穩氛圍。

床頭牆面以米黃色珪藻土與木質背板鋪陳，相似色延續讓視覺變得柔和。搭配紫色窗簾，讓臥寢氛圍更為寧靜自然。

● 空間設計暨圖片提供｜穆豐空間設計

2 ｜ 點綴帶灰的嫩粉色系，添寧靜氛圍

除了原本就能輕易為空間帶來穩重效果的深藍、深灰等深色系外，其實高明度色系也同樣能帶來寧靜氛圍，像是加入少量灰色的粉紅、粉綠色系，在維持彩度的同時，藉由稍降明度，並輔以灰色或深木色做搭配，就能減少淺色系給人的浮躁感，讓空間變得更穩重。

● 空間設計暨圖片提供｜采荷設計

客廳主牆運用杏粉及大面積石材鋪陳，同時展現清新氛圍與沉靜氣息，相似色系的復古磚則讓視覺從牆面延伸至地板。

● 空間設計暨圖片提供｜奇拓設計

主牆選用深灰色，餐廚區櫃體也採用相同色系，有效延展視覺。搭配藍色系沙發，冷色調展現寂靜沉穩調性。

3 | 降低彩度、明度穩定情緒

每種色系原本就分屬不同屬性，若想讓空間更具沉穩調性，最好避免使用會調動情緒的紅、黃色系，無彩度的灰色是可安定空間的最佳色系，至於低明度的配色，可有效穩定空間重心，與黑色互搭可帶來寧靜不躁動的氣息。

空間示範

以深色調架構寧靜日式空間

日式空間多都有著理性且讓人感到寧靜的氛圍，想營造出這樣的空間氛圍，設計師採用隸屬深色系的藏青藍做表現，利用深色系具備沉澱情緒特質，圍塑出空間沉靜感，接著再以日式空間常見的木素材做搭配，軟化冷色調的冷硬，達成視覺與觸覺皆能有舒適感受目的。

空間設計暨圖片提供│璞沃空間

● 空間設計暨圖片提供│寓子空間設計

重色臥房以白截斷壓迫，轉化沉穩

主臥延續公共區黑、藍、棕色塊元素，以重色來創造個性感；將藍替換成綠及藍綠，透過降低明度的手法，與床頭深灰一起營造沉靜。通往樓上更衣間的扶手以白切分畫面，可減少連續性重色帶來壓迫感；扶手上的溝縫也讓視覺更為生動。

善用配色比例，
達成清爽又沉穩的空間感

原本希望讓全室的白色，來凸顯空間
的絕佳採光條件，然而過多的白容易
缺乏溫度，也少了穩重感，因此在其
中一面牆刷上中性色，暗色牆面與空
間裡的白色相比，雖只佔約百分之
十五比例，卻已能有效達到穩定空間
目的，並型塑出空間的穩重基調。

● 空間設計暨圖片提供｜璞沃空間

● 空間設計暨圖片提供｜知域設計 NorWe

沉穩用色型塑舒眠空間

為了放大隔局微調後，變得狹
隘的主臥，選擇以玻璃做更衣
間隔牆，藉由玻璃穿透特性，
延伸視覺營造開闊空間感。主
牆顏色延續公共區的灰階色
系，增添睡寢空間沉穩感，有
利沉澱心情，在穩定的氛圍下
獲得一夜好眠。

● 空間設計暨圖片提供｜寓子空間設計

藍為主、灰為副，共構個性與舒適感

入門視線會落在書房背牆，於是利用能增加景深的灰藍作空間焦點，搭配清玻隔屏劃出分界、保持穿透。與臥房有互動關係的格子窗則有助強化造型、採光，使開門印象更具特色。刻意將電視牆漆成灰色，再藉藏有間照的縫距延伸向上感。兩側立面則以灰玻滑軌門，及淺灰色櫃體增加協調，也透過不同深淺的灰來烘托主色，讓色彩豐富卻不凌亂。

結合光線凸顯色彩本質

在樓梯轉角牆面，跳脫淺色使用藏青色製造跳色效果，除了可帶來視覺驚喜，情緒也得以短暫做轉換，由於位在臨窗位置，不需擔心深色造成空間陰暗，相反地當光線投射在牆面上，更能強調深色系沉穩特質，讓過渡空間成為可放鬆身心的靜謐角落。

● 空間設計暨圖片提供｜璞沃空間

● 空間設計暨圖片提供｜寓子空間設計

Aura 3 療癒清新

具生命力意象的色彩，最能為空間注入清新自然、療癒感，因此可直接與自然做連結的大地色，或展現盎然生機的綠色，都是此種氛圍的常見用色。運用於空間時，非純綠色的草綠色最受歡迎，降低彩度的草綠色，相較於純綠更具舒緩排除壓力效果，同時也適用各種年齡、性別，且不論是主臥或小孩房都適用。此外，稍微拉高明度的黃綠色，也是常見用色，除了色彩本色散發出的清新能量，也能帶出鮮黃的活力色調。

清新感最容易與明亮感有關聯，因此明度高的粉嫩色系，是很適合用來營造清新氛圍的顏色，像是如馬卡龍鮮嫩色調的粉黃、粉藍和杏桃色，能引起夢幻般的情境，進而達到心理上的療癒。另外極淺趨近於白的裸色、粉白色等顏色，也有助營造清新感受，是不想空間過白，又不想使過多顏色時的選擇。搭配時，粉色系與白色是製造清爽視覺的最經典配色；而一般對比色搭配容易有強烈的視覺效果，但以明度高的粉嫩色做搭配，則可淡化對比色的尖銳，保留聚焦目的。

配色 TIPS

1 │ 草木綠盎然生機，賦予清新能量

草綠、黃綠色向來是大自然中草木新生的色系，能安撫空間情緒，帶來療癒生機。由於具有高度包容力，所以能與各種色系搭配，並達到視覺上的平衡與和諧，其中若與黃色相襯，可在清新中注入活力；若與大地色搭配，則能展現溫暖質感，達到穩定空間目的。

綠色塗刷在側牆，以白牆輔助集中視覺，並與木元素連結，形成視覺重點，宛如森林的配色情境，極具療癒效果。

● 空間設計暨圖片提供│寓子空間設計

粉黃色作為背牆，同時運用橄欖綠家具和深色木櫃。上輕下深的配色比重，可奠定視覺重心向下的空間基礎。

2 │ 高明度嫩彩為空間注入活力

想讓空間感覺清新，使用一般人接受度高，且高明度的粉彩色系是不錯的選擇，藉由降低些許飽和度的粉彩色，例如：米黃、嫩紅、粉綠，就能避開純色的刺激，同時又能利用這類色系本身具備的輕透質感，為空間注入清爽氛圍，心理上也很容易引發愉悅感。

● 空間設計暨圖片提供│采荷設計

● 空間設計暨圖片提供｜穆豐空間設計

從主牆、地毯到抱枕皆以藍色作為主色，統一空間視覺，同時搭配灰粉窗簾，營造清新效果。兩色採用相似的飽和度搭配，讓視覺更為和諧一致。

3 ｜ 寧靜藍粉配色，沉澱空間情緒

冷色系在屬性上多偏屬理性色，其中藍色更具有沉靜效果，透過大面積鋪陳能有效沉澱空間，平撫躁動的情緒，若想更強調療癒感，可選用明度較高的天空藍。配色上除了與白色相搭，也可與帶點灰的粉紅和粉藍做搭配，降低鮮豔程度，營造較為輕盈的寧靜氛圍。

空間示範

宛若置身森林的清新綠意

為了讓新舊可以自然融和，在進行空間色彩配置時，便從屋主保留下來的舊家具做色彩延伸，因此選擇了以綠色鋪陳主牆，除了呼應木素材自然元素目的外，也可營造宛如置身森林的清新療癒氛圍，選色時刻意選用加了少量灰的綠，可降低綠色明亮度，也有助於增添空間的穩重感。

● 空間設計暨圖片提供｜知域設計 NorWe

● 空間設計暨圖片提供｜京彩室內設計

溫潤木質點出清新基調

屋主喜歡木素材的溫潤質感，於是在更衣室牆面以木素材做鋪陳，藉由木質元素與大面積的白，相互襯托強調空間清新氛圍；另外使用深灰色做為主臥主牆顏色，塗刷面積與床同寬，兩側仍保留白色元素，如此便能在維持空間清爽調性前提下，同時賦予空間視覺重點。

大地色系釋放正面、療癒能量

經典美式風格空間元素豐富，線條也較為繁複，但屋主喜歡俐落的空間感，因此截取部分風格元素，將美式風格大量簡化，並採用屬大地色系的綠米色牆來穩定空間重心，同時又能保留淺色空間的清新、療癒氛圍，最後再以色彩鮮豔的地毯、抱枕做點綴，提昇空間層次與視覺變化。

● 空間設計暨圖片提供｜京彩室內設計

● 空間設計暨圖片提供｜知域設計 NorWe

清淺裸色營造清新空間感

不希望過多留白，又想維持純白空間特有的清新俐落，因此捨棄一般常用色彩，選擇使用接近於白的裸色做牆色，雖說視覺差異性不大，但帶有透明感的裸色，卻能有效減緩全白空間帶來的視覺刺激，並與保留下來的白色做出微妙視覺變化。

漸層嫩黃，展現中性氛圍

透過色彩，展現居住者的個性是相當常見的手法。而由於正好為一男一女的小孩居住，因此運用嫩黃的色彩，不偏重任一性別，展現中性的氛圍。並在牆面刷上漸層技巧，從黃延展到白色，逐漸提升色彩的明亮度，同時搭配粉彩色床具，注入清新自然的氣息。

● 空間設計暨圖片提供｜穆豐空間設計

簡約用色型塑清爽好眠空間

不同於一般小孩房的多彩用色，屋主希望可以極簡用色，打造簡約的小孩房，回應這樣的需求，在以白為主的空間裡，僅用一面淺藍色牆面做為空間視覺重點，並將藍色調延續，在櫃子底板使用略重幾個色階的藍做點綴，藉此達到活潑視覺效果。

● 空間設計暨圖片提供｜京彩室內設計

● 空間設計暨圖片提供 ｜ Z 軸空間設計

Aura 4 極簡高冷

　　現代主義當道的空間設計下，僅透過空間線條、家具以及色彩的運用，便可形成一種沒有多加綴飾，甚至大量留白的極簡空間風格。在色彩運用上，除了現代風最常見的經典黑白配，明度低、不帶有情緒的色彩更能傳達極簡空間的沉靜質感。想營造極簡風格，一般建議用色數量限制在 2 ～ 3 色，避免過多色彩混雜干擾視覺。

　　其中黑白經典配色，因黑色明度最低，白色明度最高，兩色皆屬無彩色，可形成強烈視覺對比，尤其在強調極簡高冷的空間中，無彩度配色更能帶來寂靜、嚴肅氛圍，想強化清冷視覺效果，不妨拉高白色用色比例，提高至整體空間的 80 ～ 90％。輕透的白能讓空間更輕快明亮，再少量點綴黑色或鋪設木質地板，則能增添溫潤暖度，同時穩定空間重心。此外，若覺得黑白配色太單一，可適度加入灰色，淡化黑白對比，或選擇飽和度高的紅、藍等高彩度顏色，少量應用卻能有效達到聚集視覺效果，而如此大膽的用色，也能成功型塑出不易親近的現代摩登空間。

配色 TIPS

1 ｜ 大面積的黑白比例，空間更清冷

想讓空間展現高冷質感，無彩度的黑白可說是經典搭配。在配色比例上，不妨拉高白色或黑色的比重，藉由單一純色的運用，讓空間感更為清冷；在家具的選配上，也建議依循黑白配色，或者利用家飾軟件為空間增添色彩元素，達到活潑視覺目的。

> 黑色為後退色，在玄關的牆面和地面以黑色鋪陳，不僅沉澱空間情緒，也在白色的對比下，產生向後延伸視覺效果，無形中放大空間。

● 空間設計暨圖片提供｜Z 軸空間設計

與床頭深藍色主牆搭配黑色桌几、灰色床單與窗簾，以無彩色的黑白灰做視覺層次變化，同時架構出極簡空間基調。

2 ｜ 降低飽和的濁色，注入寂靜氛圍

由於高明度和高彩度的色系能引動人的情緒，因此極簡高冷的空間中，建議降低飽和度，灰濁的色系更能產生無機質質感，讓空間更為沉靜。但濁色的運用以小面積為佳，挑選一道主牆塗刷即可，避免讓情緒變得更為陰鬱。

● 空間設計暨圖片提供｜寓子空間設計

白色為主的空間裡，選用鐵灰色烤漆玻璃做為聚焦視覺，另外搭配紅、黑色吧檯椅做跳色，為極簡空間創造活潑的視覺效果。

3 ｜ 與建材相搭，強化極簡質感

除了色彩上的應用外，適度加入建材搭配，也可強化極簡現代感，例如烤漆玻璃、鐵件等材質，本身即帶有冷硬質感，因此很適合應用於極簡空間，若刻意選擇黑白灰等現代風經典顏色，不只可與漆色相呼應，也讓空間更為俐落有型。

空間示範

無色彩精緻飯店氛圍

因應屋主對頂級飯店的空間嚮往，以
無色彩黑灰白基調作為呈現，並搭配
運用材料的紋理，展現細膩質感，例
如左側櫃體覆以白色皮革材質，空間
底端更是選用輕薄的採礦岩巧妙隱藏
門片、電器，有如黑色畫布般，成為
特殊的背景效果。

● 空間設計暨圖片提供｜水相設計

● 空間設計暨圖片提供｜水相設計

留白框架突顯主牆焦點

業主是一名業餘攝影師，獨棟
建築頂樓作為自由留白的空間
形式，框架以大量留白搭配灰
白交錯的地坪材質，藉此去襯
托背景牆面的物件，赭紅色為
底的色彩，配上業主的攝影作
品，與品牌單椅家具，展現如
藝廊般的氛圍。

Point 3

秒懂風格！
用顏色表現家的 style

———

色彩的運用，往往能營造深刻的印象，尤其工業風、北歐風或是鄉村風，每種風格都有著專屬的歷史發展脈絡，因此在家具造型、用色挑選上，更是有獨特的配色，藉此奠定空間風格的基礎。以北歐風和現代風而言，全室淨白可說是基礎底色，但北歐風會選用高明度的家具，像是櫻草黃、寶藍色等。而現代風則是偏好中性色及低飽和的濁色，像是灰色、深藍色。因此，只要做對配色，風格就會到位，展現獨特的居家樣貌。

● 空間設計暨圖片提供｜曾建豪建築師事務所 /PARTIDESIGN STUDIO

● 空間設計暨圖片提供｜合砌設計

Style 1 北歐風

　　一說到北歐居家，自然浮現純淨潔白的空間調性，這是由於北歐長年在冰雪中給人的印象，居家也因此形成喜好簡潔俐落的性格。北歐風配色大致可分成兩大類，一種是黑白簡約設計，另一種則是納入高飽和的色彩居家。以黑白簡約配色來說，白色使用比例約高達70％左右，並在格窗、畫作上以黑色線條勾勒，形成對比效果；家具選擇上則以白色或淺木色搭配，適時透過木質的暖度注入溫馨氛圍。

　　若不想讓空間過於淨白，不妨選一道主牆塗上天藍或嫩黃，利用大面積的粉嫩配色注入色彩元素，色系的選擇也能讓空間顯得柔和不刺眼。不只透過塗料來展現，也會運用材質突顯色彩，像是以花磚妝點牆面和地板，磁磚本身的花草圖騰強化繽紛的視覺效果；或是選用鮮黃、正紅的櫃體門片，展現北歐風的大膽用色。

配色 TIPS

1 | 黃藍經典配色，展現強烈對比

在北歐空間中，牆面、天花以白色為主軸，營造素淨的空間基礎。顏色常見以高飽和色彩的家具做表現，增添豐富色彩亦能成為視覺焦點。其中，鮮黃和靛藍用色可說是北歐風經典配色，利用對比搭配讓空間更為搶眼。

為了不讓空間過於清冷，挑選主牆鋪陳淺灰色，創造理性簡潔氛圍。沙發採用灰、黃相間的色彩，搭配藍色畫作，讓家具家飾成為空間矚目焦點。

● 空間設計暨圖片提供｜合砌設計

2 | 粉彩配色，打造北歐清新

北歐風之所以受到多數人喜愛，源自於舒緩無壓的居家特質。在大面積淨白空間中，搭配降低明度的粉嫩配色，採用粉黃、粉紅和嫩綠色系，營造清新明亮的空間氛圍，不受爭議的和諧配色，營造出的是讓人感到放鬆、溫馨的空間氛圍。

● 空間設計暨圖片提供｜穆豐空間設計

牆面黃色以漸層作法打造上輕下重視覺效果，也因大量留白空間展現清新質感。粉紅和草綠家具讓空間更有童話氣息。

以水藍色鋪陳的空間中，淺色木地板奠定清爽基礎，再運用大面積木作櫃和家具，引領溫暖氛圍。同時點綴寶藍色吊燈創造焦點，型塑北歐風格。

● 空間設計暨圖片提供│合砌設計

3 │ 注入木質，奠定氛圍暖度

由於北歐擁有豐富的森林環境，因此常見於木素材被大量使用在北歐空間。在全白用色基礎下，運用大量木質家具和地板，添入溫潤質感。而為了與白色搭配，以淺木色家具為主，清淺的用色讓視覺更為舒適不壓迫，同時散發出屬於家的溫馨暖意。

空間示範

溫馨北歐渡假小宅

由於被規劃為週末度假小屋功能，所以除了基本生活機能，最重要的就是，要能讓人一進到空間就感到放鬆，於是以北歐風為空間做定調，並採用極具北歐感的灰藍色做主色，當空間氛圍確立之後，最後再以家具家飾的灰、米白等色系，豐富空間色彩元素與視覺層次。

● 空間設計暨圖片提供｜知域設計 NorWe

● 空間設計暨圖片提供｜穆豐空間設計

清淺木紋和水藍，展現知性寧靜

色調靈感來自草間彌生畫作，在屏風展現水藍泡泡景致，因而將藍色延伸至電視主牆，形成連續視覺效果。木地板和櫃體皆採用清淺木色搭配，與水藍色飽和度一致，整體展現清新寧靜的北歐氛圍。

● 空間設計暨圖片提供｜寓子空間設計

以深色灰牆塑造土地連結，協調整體配色

主牆ㄇ字形櫃除了收納電子琴，也替位於過道旁的餐桌做區域界定；透過段落的切割，同時讓客廳範疇更為精實。略帶棕色的泥炭灰創造大地印象，但牆面上緣刻意拉出間距留白，使畫面在沉穩與清爽間取得平衡。由於主牆可透過清玻與沙發後方書房做視覺串聯，也與臥房廊道端景的綠牆形成對立，低調色彩不僅讓視覺舒適，也讓整體配色銜接更融洽。

強調風格元素，圍塑寧靜北歐居家

想呈現穩重空間感，又要避免過深的牆色造成空間陰暗，設計師採用藕灰色來為空間做基礎定調，利用輕淺用色改善空間老派印象，並發揮灰階色系沉澱情緒特質，營造出適合長輩居住的寧靜北歐感空間，對應穩重的深色木家具時，也能顯得自然而不突兀。

● 空間設計暨圖片提供｜知域設計 NorWe

● 空間設計暨圖片提供｜上陽設計

Style 2 鄉村風

　　鄉村風，可說是色彩包容力最高的風格，可容納多種色彩的搭配，展現繽紛豔麗的魅力。源自歐美地區的田園鄉村，透過取材自然的建材，像是木質、磚石等色彩融入居家，其中以大地色和磚紅色的搭配最具代表性。溫暖沉穩的大地色系，奠定質樸的韻味，紅磚色系則注入溫暖質感。有時為了讓空間更有活力，會以鮮明的亮黃色與磚紅搭配，提升明亮度，更能激發宛如鄉村的活潑熱情。

　　除了紅黃兩色，象徵田園的綠色，自然也是不可或缺的色彩。為了展現盎然生機，多採用飽和度高的草木綠，並以暖橘色輔佐，注入如暖陽般調性，讓空間更顯親切。由於綠色和橘色對比性高，建議在牆面塗刷綠色，並透過暖橘色家具做適度點綴，避免大面積的衝突，降低突兀的視覺感受鄉村風並非皆使用熱情奔放的暖色調，若想讓空間更顯典雅，這時不妨使用灰藍、薰衣草紫等帶有冷靜特質的色彩來鋪陳空間，多了沉穩氛圍的同時，亦能塑造具英國風味的鄉村居家。

配色 TIPS

1 ｜ 輔以藍紫用色，打造寧靜空間

在紅黃的暖色調之外，鄉村風也經常運用冷色調，但多會加入灰，改變色彩原本調性，藉此帶來清新氣息與寧靜氛圍，其中天藍色、淺紫色和草綠色，都是鄉村風常見用色。為了提昇空間溫度，會再輔以大量木質，展現鄉村風特有的溫暖調性。

> 延續餐廚區的藍色磁磚，在客廳牆面特地以水藍色鋪陳，形成相似的視覺感受。在搭配上輔以草綠色和木質輔助，增添暖意。

● 空間設計暨圖片提供｜采荷設計

> 牆面運用杏桃色，映襯同色茶几，高飽和色彩增添熱情氛圍。以寶藍色沙發點綴，形成視覺焦點，並以淺藍色木櫃襯托。

2 ｜ 採用高明度色彩，展現繽紛活力

一般來說，鄉村風空間經常使用高明度的紅、黃兩色，透過鮮豔的色系納入象徵陽光、綠意的田園風景，為空間注入飽滿活力。空間裡的牆面色彩多為1至2種用色，然後再以家具、抱枕來添入更多顏色，使顏色數量來到4至5種，並利用面積大小巧妙混用，即便色彩繽紛也能不干擾視覺。

● 空間設計暨圖片提供｜采荷設計

● 空間設計暨圖片提供│上陽設計

在白色居家空間中，樑柱以灰綠色修飾，低飽和度濁色能帶來沉穩優雅氣息，也讓空間更為立體。在白色線板映襯下，更顯深淺色系視覺對比。

3 │ 降低飽和度，營造典雅鄉村

除了採用高飽和的色彩，若想營造更為優雅的鄉村空間，不妨降低飽和度，運用橄欖綠、灰藍或是深棕色，不僅可讓空間更顯沉穩，也能將色調本身具備的典雅氣息注入空間，展現更具沉靜氣質的鄉村樣貌。

空間示範

麥芽黃注入暖調，增添懷舊氛圍

客廳沙發背牆特地以麥芽色作為主色，明度高、彩度低的色系能展現穩重的懷舊氛圍。為了讓視覺更為和諧，搭配深色皮質沙發和茶几，相似色系讓視覺不突兀，而深色調的運用也藉此穩定空間重心。

● 空間設計暨圖片提供｜上陽設計

● 空間設計暨圖片提供｜穆豐空間設計

高明度的淺藍，打亮空間視覺

空間中央光線較為陰暗，除了以玻璃隔間引光，也運用高明度的淺藍色展現明亮視覺；大面積鋪陳讓視覺更聚焦，呈現清新自然調性。而採用線板設計，則讓牆面更有層次，也點出質樸韻味。

**米黃牆色營造溫馨，
與木質共譜清亮樂音**

開放式客、餐廳以米黃牆色與木地板
相輝映，勾勒出鄉村風溫馨基底。白
百頁窗與白木作型塑立面表情，搭配
藍色直紋沙發，讓暖色系住家可以藉
對比色與高明度顯得更有精神。曲腳
線條不僅使空間氛圍更添柔美，木與
白的搭配也讓家具造型更有變化。黃
銅燈具點綴些許華麗，但因同屬黃色
系，可以毫無違和融入空間之中。

● 空間設計暨圖片提供｜寓子空間設計

● 空間設計暨圖片提供｜采荷設計

清新草綠，空間更清爽

順應空間格局，將草木綠塗刷
在牆面正中央，再以兩旁白牆
輔助，有效集中視覺焦點，也
讓左右的比重更為平衡。一旁
點綴淺木色櫃體，清淺用色與
綠色相輔相成，呈現宛如大自
然森林的配色情境，更顯清爽。

長形宅以藍底白框增明亮、提升法式鄉村優雅

長形住家為消弭陰暗，以明度高但帶灰的藍為主色，利用冷色系退縮感來擴增空間。客、餐廳間有樑橫亙，於是善用結構將主牆顏色與白線框漫延至此；既可銜接設計語彙，也構築了分界框景，順勢抬升客、餐廳區天花高度，強化動線韻律。家具線條雖沒有選用曲腳造型來強化法式特色，但灰底、藍布花卻與主色十分合拍，共鳴出法式鄉村的優雅印象。

● 空間設計暨圖片提供｜寓子空間設計

● 空間設計暨圖片提供｜天沐設計

Style 3 現代風

　　講求簡潔俐落的現代風格中，色彩多以黑、白、灰，藍、綠的冷色調做表現，並以低飽和度的濁色系搭配，用色數量盡量降至最低，以展現極簡空間感。黑白屬無彩色系，能降低視覺暖度，型塑俐落氛圍，打造不退流行的空間，是現代風經典配色之一；理智不帶情緒的灰、藍色，則是簡約用色的常見色彩，運用手法多是透過大量的灰鋪陳，奠定現代風冷硬基調，再加入藍色強調理性氣質。

　　除了無彩色與冷色調，也常見在現代空間裡使用高彩度色彩，由於色彩飽和甚至接近純色，因此可以展現強烈視覺效果，若是夠大膽塗刷大面積，則能高調凸顯空間鮮明個性；不想視覺過於刺激，小面積使用鮮明的黃、紅等飽和度高的色彩，就能在黑色空間裡輕易創造視覺亮點。為了提昇現代風空間的摩登、俐落感，除了塗料外，可利用具反光特質的材質加以輔助，像是烤漆玻璃、鏡面等，都能有效強調簡潔調性，尤其在櫃體門片使用高飽和的鮮明色調局部點綴，就能達到絕佳吸睛效果。

配色 TIPS

1 ▎ 大膽運用飽和度對比，凸顯視覺效果

除了以對比色凸顯視覺，現代風也會大膽運用飽和度的對比來展現特色。像是以深藍、深綠的濁色與白色相襯，或是黑、黃對比，使視覺更有層次。建議選擇一道主牆塗佈，讓焦點更為集中。

床頭主牆以深灰藍作為視覺焦點，同時搭配深木色的櫃體，整體呈現低飽和度的配色，展現現代風格冷冽樣貌。

● 空間設計暨圖片提供｜合砌設計

床頭牆面以塗鴉作畫表現近代創作風格，黃藍對比效果，更顯現代摩登感，呼應塗鴉裡的藍，深藍色門片成為視覺亮點。

2 ▎ 注入冷色氛圍，營造知性氣息

強調俐落簡約的現代風，除了以黑白為主色，藍色也是愛用的色系之一。而不同的藍也能打造出多變的現代風樣貌。以淺藍用色來說，能強化風格的清爽質感；低明度的深藍則能展現沉穩特質，也讓情緒更為清冷。

● 空間設計暨圖片提供｜合砌設計

● 空間設計暨圖片提供│奇拓室內設計

大面積灰色牆面，搭配同色系床墊和沙發，並以靛藍、鮮黃和草綠家飾做搭配，利用高飽和色彩做跳色，形成強烈視覺效果，也豐富空間元素。

3 │ 無彩度色調主導，展現中性氛圍

現代風經常大量運用黑、灰、白的無彩度色調，型塑簡潔有力且穩定的冷靜氛圍，用色比例多是以白色做為空間主體，其中再適時以漆色或者家具融入黑、灰色，若想提昇活潑感受，可加入高明度的家具為空間注入活力。

空間示範

擺脫老派，展現後現代中國風

現代空間希望加入中國風元素，又不想流於老派傳統印象，設計師選擇以和風格具連結性的顏色來表現中國風。使用可與中式做聯想的湖水綠作為牆色襯底，並以現代手法在牆上裝飾鯉魚，魚群游動的姿態有製造空間律動感效果，魚身的鮮明紅色，則明確卻含蓄地點出中國風主調。

● 空間設計暨圖片提供│璞沃空間

● 空間設計暨圖片提供│京彩室內設計

深色主牆定調空間重心

在全白的空間裡，容易因為白色過輕而缺乏穩定感，而且一眼望去大面積的白，也會讓人感覺過於單調。因此選擇在餐廳主牆塗刷深灰色，利用深淺強烈對比，豐富空間層次，增添視覺變化，同時藉由深色系拉低空間重心，型塑更為沉穩的空間感。

低調淺灰凸顯美式悠閒氛圍

習慣國外生活的屋主，期待一個美式
風格居家，因此採用大量石材、線板
打造出熟悉且能放鬆的美式空間，顏
色選用上，屋主希望加入色彩不要有
太多留白，但美式空間元素已經相當
豐富，因此選擇灰色鋪陳全室，低調
做出色彩變化，減少過多元素形成視
覺上的干擾。

● 空間設計暨圖片提供｜知域設計 NorWe

● 空間設計暨圖片提供｜京彩室內設計

善用比例平衡深淺搭配

屋主喜歡懷舊風，因此全室材
質選用，多偏向顏色較重的建
材，然而深色過多容易造成空
間陰暗，於是在牆面、木地板
兩個大面積區域，改以淺灰色
與淺色木地板提亮空間；深淺
搭配容易失去視覺平衡，因此
在比例與選用區域，皆經過精
準規劃，如此才能在同一空間
裡達成視覺的和諧。

冷暖串聯奔放個性品味

從事精品訂製與豐富旅行經驗，培養業主對於質料、色彩與美感的細緻
敏銳。青草綠的木紋底牆，襯以醒目的藍綠色作為櫃體基調，搭配銅金
線條交織勾勒，溫暖的橙橘色系與木皮進行串聯，隨興恣意地揮灑色彩，
展現看似衝突卻和諧的存在。

● 空間設計暨圖片提供｜水相設計

● 空間設計暨圖片提供│法蘭德室內設計

Style 4 工業風

工業風的起源，是在二十世紀初期，歐美藝術家進駐老舊廠房，改造為工作室或住家使用，粗獷厚實的機具、無修飾的鋼骨、磚牆結構，產生獨特的風格魅力。在這樣的歷史背景下，工業風用色延續了當時的空間氛圍，以無修飾的水泥灰色為大宗，輔以低彩度的深藍、灰綠，大面積濁色運用呈現陰暗的廠房調性。

一般來說，為了凸顯工業風，空間大多會以灰、黑色為主，面積可拉高至 80～90％，呈現高度冷硬、粗獷氛圍。若擔心過於大膽，不妨將用色轉移至天花，同樣能營造陰暗效果。在臥室這種需要寧靜安穩的空間，則建議選擇一道主牆凸顯重點，其餘留白為佳，過重的色系反而會讓人的情緒陷入沉悶陰鬱。在材質上，仿照曾有著機具的廠房，居家空間會運用大量金屬材質，像是以黑色鐵件作為家具，甚至創造仿舊金屬質感，以紅銅鏽斑呈現增添歲月的斑駁感受。

配色 TIPS

1 │ 水泥灰大面積鋪陳，強化風格基礎

為了展現工業風的粗獷氛圍，除了裸露磚牆、天花結構，不加修飾的水泥更是一大重點。因此運用大面積的灰色鋪陳，重展工業風的原始樣貌；而灰色也與無機質的金屬質感相襯，更能顯現工業的冷冽氣息。

全室的淺灰色牆面，形成內斂沉穩的工業氣息，同時以淨白門片併陳，突顯視覺焦點。地面選用鮮明紋理的木地板，呈現素材的原始粗獷本質。

● 空間設計暨圖片提供│合砌設計

大面積濃綠色與吊燈色系相呼應，注入復古情調。不做天花修飾，大膽裸露管線機具，與廚具設備呈現俐落金屬質感。

2 │ 沿用經典綠色，打造懷舊復古

工業風的色彩除了取自水泥、金屬的灰色，當時在廠房也經常可見多彩的琺瑯吊燈，像是濃綠色和正紅色最為經典。因此想讓空間出色，不妨在牆面加上濃綠色調，搭配深木色降低飽和度，呈現濃厚的復古懷舊氛圍。

● 空間設計暨圖片提供│法蘭德室內設計

空間示範

局部高彩度對比，突顯焦點 ┈┈┈┈┈

工業風不再只有灰白的單調，大膽採用高飽和的色系，能在水泥灰的色調中，突出空間焦點。衛浴牆面特地融入貨櫃屋的造型，讓人聯想到厚重的工業質感，鮮豔藍色與橘色皮革門片相互搭配，高彩度的對比在深色調的空間中成為矚目焦點。

● 空間設計暨圖片提供｜合砌設計

● 空間設計暨圖片提供｜法蘭德室內設計

水泥灰搭配濃綠色，奠定復古基礎

延續空間原始結構，裸露部分紅磚，牆面則採用水泥粉光，以冷硬灰色奠定粗獷基礎。迎光處牆面改以濃綠色鋪陳，帶有復古情調的色系展現溫潤氛圍，避免空間過於冰冷。再點綴藍白相間的寢具，更顯獨特個性。

● 空間設計暨圖片提供｜法蘭德室內設計

黑灰色系，強化冷硬調性

全室牆面採用水泥粉光鋪陳，再輔以深色木地板，富有紋理的
表面質地，重現工業的粗獷質感。家具特地以灰色和黑色系為
主，將整體色系限制在黑、灰、白三種，無彩度的配色強化冷
硬的工業風格。

牆色與家具一致，型塑乾淨立面

床頭主牆大膽採用趨近於黑的
深藍色，不僅有效沉澱空間情
緒，也與白色天花形成強烈對
比，形成後退的視覺收縮效果。
同時採用黑色壁燈和床具，巧
妙融入壁面，視覺形成連貫，
打造乾淨俐落的牆面色彩。

● 空間設計暨圖片提供｜法蘭德室內設計

Point 4

跳出舒適圈，
漆色以外的選擇

想為居家空間增添色彩，大多數人會採用有多種顏色可挑選的漆料，除了施工方式簡單，價錢上也相對來得便宜。不過隨著建材的日新月異，建材品質的提昇，過去最容易受限的色彩如今變得繽紛許多，也因此可跳脫只有實用、單調的刻板印象，提供使用者更多樣化的選擇與搭配，從而打造出更具個人特色的居家。而對希望為居家空間增添色彩的屋主來說，則可擺脫單一選擇，在漆料之外運用多種具備色彩元素的建材，來型塑出更為出色的品味空間。

● 空間設計暨圖片提供｜曾建豪建築師事務所 /PartiDesign Studio

● 空間設計暨圖片提供│裏心空間設計

Material 1 花磚

　　花磚一直以來就是磁磚最具顏色的代表，不同於一般磁磚多是石頭紋理或大地色澤，花磚磚面通常會繪製圖案並添上色彩，磚材本身已經繽紛多彩，藉由不同的拼貼組合，還能產生更多變化，因此相較於單色磁磚或單一漆料，千變萬化且繽紛有趣的特質，讓花磚的應用空間更廣泛，且不受區域限制，地壁都相當適合使用。

　　由於花磚具備強烈特色，因此最好做好事前規劃，若不想費心搭配，或者不想太過張揚，建議可選擇地面做鋪貼，避開成為視覺焦點，又能低調為空間增添豐富元素，而且如果只鋪貼局部空間，也可做為空間隱形分界；圖案選擇上，除了常見的花紋圖樣，也有幾何圖案可選擇，花紋圖樣理所當然感覺繽紛有活力，也多以鮮明色彩做呈現，有規律性的幾何圖案，表現的是有條理的秩序美。除了藝術性表現，表面質感也有亮面與霧面之分，亮面磚材表面光滑，可強調磚材圖樣與色彩，霧面磚材則展現讓人安心的質樸觸感。

搭配 TIPS

1 小空間酌量應用，避開壓迫感

想使用花磚為空間製造吸睛效果，要注意使用空間大小，尤其是像衛浴這類小空間，建議局部使用，或者鋪貼在面積最大的地板區域，因為繁複的磚材圖案，數量一多圖案過於密集時，便容易產生讓人不適的壓迫感，因此最好先視空間條件，再來作搭配運用，如此才能發揮建材原有特質。

衛浴壁面以白色鐵道磚鋪貼，營造放大與明亮效果，地面則選用黑白色系花磚，融入空間色彩也有活潑視覺效果。

● 空間設計暨圖片提供｜合砌設計

● 空間設計暨圖片提供｜潤澤明亮設計事務所

防濺板以小尺寸花磚做拼貼，利用上下全白櫃體，來凸顯花磚花樣，色彩則採用灰藍色調，低調增添色彩元素。

2 尺寸大小形成視覺差異

花磚有尺寸大小差異，選用時最好視使用空間，與希望傳達的視覺效果做為尺寸選擇標準。一般尺寸小的花磚，鋪貼時花紋比大尺寸花磚更為集中，有聚集視覺效果，建議用在廚房防濺板、局部牆面為佳；大尺寸花磚則適合用在公共區域或者空間主牆，利用大面積鋪貼來展現紋樣之美與大器質感。

刻意選擇與木地板接近色系的花磚，延伸視覺同時也減少突兀感，花磚圖案融入磚色，低調變化中維持空間俐落基調。

● 空間設計暨圖片提供｜裏心空間設計

3 ｜ 發揮花紋、色彩屬性，凸顯空間個性

不論是局部或者大面積使用，花磚的花紋與顏色，都會對空間風格、氛圍產生一定影響，其中顏色豐富鮮豔的花磚，較常見於鄉村風，黑灰色調的花磚適合理性的現代空間，繁複圖案建議在大空間使用，如此才能展現花紋美感，線條單純的圖案，則比較百搭不易出錯。

空間示範

花磚腰帶增添空間緊實，與地磚共構活潑

衛浴立面以釉亮的淺灰素磚營造清爽，但藉由低彩度的藍色花磚在腰帶局部鋪陳，讓空間顯得緊實、有層次。地面則採用六角形的白、灰混色霧面磚增添色彩與線條變化。利用上淺下深、明度逐漸變暗的搭配，確立了空間的均衡與穩重。清透的玻璃拉門不僅有助放大視覺，也讓建材的搭配能夠完整呈現。

● 空間設計暨圖片提供｜寓子空間設計

● 空間設計暨圖片提供｜寓子空間設計

花磚牆藉圖紋活絡氣氛、使餐區聚焦

餐廳位於開放式公共區一隅，跟客廳有視覺連動關係。考量玄關及電視主牆皆為淺色木皮，周邊立面又都是白牆，故以灰色花磚鋪陳；利用圖紋線條使整體氣氛變得活潑，也讓餐區範疇感覺完整。花磚牆成為客廳視覺端景，與淺灰沙發和主牆側旁的灰柱做顏色呼應，更強化了整體的協調性。

● 空間設計暨圖片提供｜合砌設計

對比色花磚，強化視覺張力

衛浴牆面採用水泥粉光鋪陳，中性的灰質色調降低空間暖度，賦予冷硬質感。門片使用天藍色，以增添寧靜氣息；與之相連的地面則特意延續相同色系，統一視覺，並輔以黃色花磚，形成鮮明對比，為冷硬空間注入繽紛視覺。

調整灰階明暗讓圖紋、色彩共鳴

考量住家陳設素雅、採光明亮，刻意凸顯餐廚成為公共區焦點。打破一般素面搭花紋慣性，下櫃刻意選用了棕色仿舊面板，上櫃則將榆木皮染深處理，結合早期海棠花紋老玻璃，帶出復古人文感。中段牆面鋪陳棕、藍交雜的霧面彩繪花磚，讓畫面更豐富。躍動視覺透過同一明度的灰作調和，反而降低了紛擾，成為和諧又具個性的存在。

● 空間設計暨圖片提供｜潤澤明亮設計事務所

Material 2 壁紙

　　想讓牆面增加色彩變化，變得更加豐富，比起塗刷油漆或者鋪貼磁磚，壁紙施工簡單、圖案多樣花，能輕易為空間增添元素。一般人對壁紙的印象，還是停留在有圖案的壁紙，其實除了這種常見的選項外，單純素色或者仿材質紋理的壁紙，乍看變化細微，無法立即給人搶眼的第一印象，卻能替空間提昇精緻質感。

　　壁紙的挑選搭配，與空間風格有著密不可分的關聯，以帶有圖案的種類來看，具體的圖像可明確訂定空間屬性與基調，因此我們常見小孩房使用繽紛多彩的壁紙，古典風空間則會出現經典古典圖案，由此可見確定了空間風格，針對主題做選擇，便可減少選搭難度。至於素色或者仿材質的壁紙，建議可與天地壁相互搭配做連動，以希望呈現的視覺效果為基準，進一步選用色系或圖案搭配即可。

配色 TIPS

1 ┃ 豐富圖樣精準型塑空間情境

若想使用帶有圖案的壁紙，可依空間、
風格做挑選，小孩房適合童趣可愛的圖
案，主臥房則適用成熟、抽象圖案的壁
紙，另外依據空間風格調性不同，也會
有不同選擇，如近幾年流行的工業風，
帶動仿磚牆壁紙的流行，碎花圖案則常
見於鄉村風。選搭時只要確立空間屬性
與風格，就能準確挑對適合空間的壁紙。

> 壁紙上可愛又具童趣的圖案，明顯確立空
> 間小孩房屬性，顏色呼應周邊色彩，選擇
> 顏色柔和的復古色調壁紙，呈現更為舒緩
> 的空間氛圍。

● 空間設計暨圖片提供｜分寸設計 CMYK-studio

2 ┃ 以質感豐富單調素色

由於壁紙本身即具有一定質感，所以就
算是單純素色，相較於漆料，視覺層次
也來得更為豐富，想做出變化，又不想
太過高調，建議可先從壁紙表面質感挑
起，然後再根據空間風格做顏色上的選
搭，如此就能輕易提昇質感，並豐富空
間元素。

● 空間設計暨圖片提供｜ IIMOSTUDIO 壹某設計
事務所

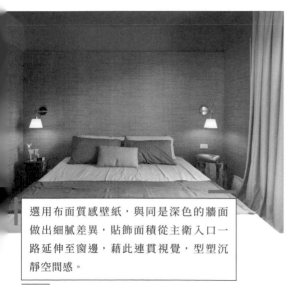

> 選用布面質感壁紙，與同是深色的牆面
> 做出細膩差異，貼飾面積從主衛入口一
> 路延伸至窗邊，藉此連貫視覺，型塑沉
> 靜空間感。

空間示範

善用建材特性豐富視覺

以大量的白與手感磚牆，架構出北歐風空間框架，接著再以家具家飾替空間點綴色彩，並在大量淺色系的空間裡，在展示櫃底板，以中性咖啡色系壁紙貼飾，藉由加入重色有穩定空間效果，並利用壁紙不同於漆料牆面的質感，也能為空間增添豐富元素。

● 空間設計暨圖片提供｜璞沃空間

● 空間設計暨圖片提供｜寓子空間設計

藉風格迥異壁紙區辨公私、統整設計

公共區牆色素白，僅用格紋布沙發及少量灰棕作色塊點綴，將梯間貼上色彩鮮艷的壁紙，藉此調動空間活潑。臥房以淡藍搭配白色增添開闊與明亮，床頭採用灰藍帶淺棕紋壁紙提升典雅。透過亮麗與恬淡對比；場域內、外屬性得以凸顯，臥房壁紙紋理色澤跟公共區調性呼應，讓住家用最省力的方式強化整體設計感。

善用壁紙特色精省預算、強化視覺感

loft 風格住家，一入門視線就直透到底；因此用淺灰細絲紋壁紙延伸至窗邊，營造出類水泥的非均質感，也便於凸顯家具與主牆特色。對立牆以紅磚壁紙做 L 形鋪貼凝聚焦點；不論一旁的穀倉門片是開是闔，都能互相做造型支援，除了強化隨興感，也達到小預算、大視效的設計目的。

● 空間設計暨圖片提供｜寓子空間設計

● 空間設計暨圖片提供 │ 實適空間設計

Material 3 黑板漆

　　黑板漆屬於塗料的一種，與油漆最大的不同，就是在牆面塗上黑板漆之後，便可以在上面隨手塗寫，過去黑板漆的運用常見於講求隨興、手感的工業風空間，或者是為了提供家中小孩可隨意塗畫的牆面，將之融入空間設計；由此可見，黑板漆伴隨著強烈的趣味、隨意印象，也因此可為居家空間帶來自由而不受拘束的空間氛圍。

　　過去黑板漆主要顏色為黑、綠兩色為主，色彩選擇不多，而且容易受限居家空間風格用色，不過隨著使用愈來愈普及，近幾年黑板漆也發展出各種多元色彩，提供使用者更多選擇，除了有手寫塗鴉功能外，也成為空間增添色彩元素的選擇之一。使用時建議將黑板漆功能與空間結合，像是書房、廚房或者小孩房，都相當適合。顏色選搭上，如果採用的是最基本的黑、綠色，周邊牆面就不適合使用過深的漆色，若是選擇其他顏色，則盡量與空間整體色彩做搭配。

配色 TIPS

1 │ 大面積使用營造視覺焦點

使用黑板漆時，傳統的黑、綠色還是最多人選用，由於顏色厚重，即便是大面積塗刷，最好也維持在單一面牆使用即可，周邊牆色建議使用白色，化解重色帶來的沉重感，同時也可利用黑白強烈對比，凸顯深色牆面，製造空間視覺焦點。

大面積塗刷黑板漆，為白色住家創造穩重端景，同時又有不同於傳統油漆的手繪質感，有效讓空間更富生活味。

● 空間設計暨圖片提供│禾郅設計

在位於過道上的牆面塗上黑板漆，不只方便屋主臨時手寫記錄，同時也能替過白的空間帶來色彩，增加豐富元素。

2 │ 局部塗刷製造趣味亮點

局部使用是最常見的運用方式，也有人會塗刷在門片上，由於黑板漆除了黑、綠色，其他皆偏屬飽和度較高的顏色，因此不管是在牆面或者門片等小面積區域使用，也能藉由塗料原始色彩做跳色效果，製造引人矚目的空間亮點。

● 空間設計暨圖片提供│知域設計 NorWe

空間示範

黑板漆豐富牆面變化、創造深邃端景

樓中樓住家利用高明度的白來放大空間，營造潔淨明亮感。為了避免白色流於平淡，透過玄關隔屏、廚房層板、電視牆溝縫等種種線條變化，讓視覺層次提升。入口牆面以黑板漆做倒 L 形塗刷；一來可以增加留言或塗鴉的便利性；二來深色漆可讓入口變得較不明顯。結合黑色的櫃體，還能製造黑白對比的視覺端景，也讓空間變得更深邃。

● 空間設計暨圖片提供｜寓子設計

● 空間設計暨圖片提供｜裏心空間設計

以黑板漆在極簡白色製造手感趣味

在全白極簡的空間裡，以黑板漆框出一個ㄇ字形，藉此確定私領域位置，同時也能製造進入邃道的視覺意象；左右的不對稱，則是希望避免黑板漆延伸至客廳區域，因此模糊了空間界定。

統一材質用色，簡化視覺效果

以工業風為調性的空間中，牆面塗抹水泥粉光，中性灰的質感奠定冷冽基礎。同時運用黑板漆牆增加記事機能，大面積黑色漆面與電視色系相呼應，統一用色有效讓牆面俐落不紛亂。後方映襯 OSB 板門片，藉由自然木質在冷硬的空間中增添暖度。

● 空間設計暨圖片提供｜法蘭德室內設計

Chapter2 空間 SPACE ⋯⋯⋯⋯⋯⋯⋯⋯

色彩應用

Case 01

雪白住宅以光影、
原材替生活上色

文｜黃珮瑜　空間設計暨圖片提供｜潤澤明亮設計

● Dulux 2192 白
● Dulux 30YY 56/060 灰

住辦合一的國宅，原格局是三房隔間的辦公室，除了在機能上不符所需，牆面分割亦使住家顯得陰暗。由於女主人喜愛白色，希望居住環境盡量開闊、簡潔，因此將鄰近客廳的臥房隔牆拆除並向前挪移，改用摺門與滑軌門做屏障，再搭配可變身床鋪的機能家具，滿足空間彈性需求。主臥因起居間牆面調整多爭取了約 60 公分寬距，相鄰的第三房則直接併為更衣室與主衛使用。此外，將原廚房改為客浴，並在客浴入口旁新增一小段牆面，此舉讓冰箱有了安置處，就連大門旁的零畸空間和變電箱也一併隱藏進櫃體中，而藉由格局的變更順化了動線，也使採光與空間感大幅擴增。

全室以「白」創造乾淨、明亮質感，但藉色調偏黃、極具分量感的香杉木餐桌，以及深淺不同的灰色家具、織品替住家增色。廚房牆面以 5*5 公分灰藍色花磚點綴活潑，也緩和了過於清冷的疑慮。大量留白褪卻紛雜，少了多彩喧鬧，家的情韻反而更加悠遠綿長！

配色重點

1. 以白貫穿空間，帶來清爽、明亮的色彩印象，也如同畫布讓光影效果更迷人。
2. 厚實、色調帶黃的原木桌椅，營造溫暖及穩重感，同時凝聚開放場域焦點。
3. 藉家具、織品和花磚調度灰階，既不搶主色風采又化解白的冰冷，並藉由軟件、植栽點綴少許藍、綠跳色增加精神。

以灰系低調烘托白色純淨

公共區採開放式，玄關以抽象線條畫作渲染意境，並藉由實木椅條與餐桌輝映，達到界定範疇、妝點自然風情目的。灰色系超耐磨地板使空間不流於輕浮，又能協調地與周邊家具、家飾融合，完美烘托了白色住宅希望傳遞的純淨感。

活動式門片 強化場域應用彈性

拆除隔牆以活動式門片讓光源得以互通，大大增加明亮感。天頂滑軌不僅確保地面完整，兩種收折方式也讓空間伸縮尺度加大；腳凳與沙發皆能變身床鋪增加實用性，而棕與灰的搭配，回應周邊色彩，巧妙點綴暗紅亮面櫻桃，在光與影的流動中，讓素白容顏更添紅潤生氣。

暖灰營造優雅，藍彩點亮元氣

地毯是客廳色彩面積最大區塊，刻意選用帶點咖啡色的「暖灰」提昇
溫度，周邊再結合鐵灰燈罩、深淺不一的毛抱枕來調配灰階明暗，讓
白色的背景與家具顯得較柔和。另外以藍色抱枕、花飾跳色增加亮點；
再搭配黃銅桌几妝點對比，精緻優雅的氛圍自然成形。

小方塊花磚活絡素白住宅生氣

客浴入口旁增加一段約 92 公分的牆面,使冰箱與收納櫃能整合在同一動線上,減少畸零面積浪費。廚房牆面以灰藍色 5*5 公分花磚形塑端景;幾何圖紋是早期建材流行花色,藉由懷舊印象連結,巧妙融入人文氣息,拼布般的視覺感也讓家的表情更顯親切。

以原木色澤溫潤，收攏灰、白色調距離感

為了讓白色住宅能夠保持素雅，刻意選用透明造型燈具減少色彩干擾。帶黃的香杉木桌板保有原木曲線且具香味，下方卻搭配鐵件及 10 公分厚的壓克力桌腳，看似衝突的結合，卻讓空間穿透與趣味感升級。冰箱旁的收納櫃門板保留實木紋理，雖然噴上白漆，卻因凹凸觸感讓立面更加生動，不會流於平板。

窗簾布花回應內外景、增添空間顏色

主臥入口因為起居間牆面調整而前挪了 60 公分，令主臥空間更加寬敞。將冷氣孔與原窗整合加大納入採光與山景，除了強化明亮，窗簾更以寬版的灰、綠直條色塊來統整色彩。深咖啡皮革單椅色彩濃重，卻有聚斂視覺作用，有助休憩空間沉澱身心。

藉浴櫃橡木色提升灰色系衛浴暖度

同樣用白作為客浴主印象，但以長形地鐵磚與蜂巢狀的三色馬賽克混搭，藉由溝縫線條變化和駁雜磚色帶來躍動感。主牆則以淺灰和橡木色的浴櫃略增彩度，同時也呼應了公共區中性色與白的搭配原則。

Case
02

- Dulux 00NN 37/000 灰
- Dulux 30YR 74/045 石英粉紅
- Dulux 50BG 44/094 灰藍

純粹白與灰階，
享受簡約寧靜生活

文｜Celine　空間設計暨圖片提供｜十穎設計

誰說空間本身所給予的寧靜，一定得來自厚重的材質與色調？工作繁忙的屋主夫婦，期盼回到家能放鬆、沉澱心情，十穎設計透過純粹的白色為主體材料規劃，鋪陳天地壁架構，藉此抹去使用者繁雜的思緒，讓家具配件、生活軌跡鋪排出豐富的畫面。此外，由客廳連接餐廚的牆面飾板加入大面積灰階鋪陳，賦予空間產生聚焦效果，亦有穩定空間浮動狀態。

灰階系統依著垂直動線往上延伸，讓空間具連貫與整體性，因應單層坪數關係，二樓洗手檯移至梯間，無接縫灰階鋼石地板化為牆面質材與書房壁面，黑玻隔間則將光線帶入盥洗區，提昇梯間明亮也令書房尺度更為舒適。轉至客房、主臥則是輕柔色系融合灰階構成，客房刷飾清爽灰藍色調，以收納櫃體為基準拉出半牆塗刷方式，讓空間更有層次；主臥房的石英粉紅與白色，搭配灰階床頭繃板、深藍窗簾，揮灑出清爽卻又優雅的氛圍。

配色重點

1. 運用白色詮釋安靜氛圍，天地壁以白為架構，加入灰階做為穩定空間的效果。
2. 灰階依附垂直動線連結每個樓層，讓空間產生連貫與整體性。
3. 家具、燈具、窗簾等軟件做為色彩配角，在白色框架襯托下，彰顯空間質感與生活品味。

純粹灰白打造安靜溫暖調性

回應屋主對家的寧靜需求，天地壁以白色為架構，灰色牆面為空間帶來聚焦效果，純粹乾淨的框架之下，局部於壁面腰帶、天花板置入線板，增加光影立體感，同時著重家具、軟件的挑選搭配，讓空間更為豐富。

拼色牆面清爽舒適

位於二樓的客房兼未來的小孩房，擷取公共廳區的深藍色降低彩度，以灰藍色階搭配白色，勾勒出清爽舒適調性，半腰牆更是實用的雙面櫃體，內側具備豐富的收納、外側則是放置書籍或展示使用。

深木搭灰階創造寧靜閱讀場域

沿著簡鍊的金色扶手來到二樓，是男主人專屬的
書房空間，木作臥榻賦予大量藏書收納需求，深
色木皮與灰色鋼石質材勾勒出靜謐的閱讀氛圍，
書房局部隔間採用黑玻，將光線帶入梯間，也化
解書房的封閉感。

優雅柔和的主臥調性

主臥房選用石英粉紅配白色，同時搭配灰階床頭繃板，並
延續廳區的深藍窗簾，柔和調性之下又多了優雅質感，左
側利用白色鋁格柵拉門劃分更衣間、梳妝區，穿透材質有
助於空氣對流，也提昇空間的寬敞性。

溫暖寧靜的瑜珈空間

獨棟住宅四樓規劃為女主人的瑜珈運動
空間，延續灰階系統成為主要的牆面刷
色，搭配溫潤實木地板，讓人不自覺放
鬆思緒，最特別的是，三樓往四樓的挑
高梯間，挑選藍色掛毯妝點，柔軟的材
質呼應空間所需的輕鬆氛圍。

● Dulux 90YY 62/264 漆淺綠
● Dulux 50YY 63/041 淺霧鄉
● Dulux 40YY 41/054 深霧鄉

黑白摩登大宅，
因活潑靚色而更耀眼

文｜Fran Cheng　空間設計暨圖片提供｜Z軸空間設計

　　屋主喜歡現代摩登風格，同時在色調上也明確表明希望能住在明亮且活潑的空間。原始廚具與吧檯是黑色的，考量到整體空間採光好，建議黑白主色調營造現代感，並以開放廚房的黑色為起點，延伸出黑色木牆櫃，讓隱約秀出木紋肌理的黑牆成為公共區的主視覺；同時將餐廳主牆以染黑的纖維板搭配立體切面造型設計，與廚房黑主牆呼應，並以綠色鐵件層板為餐廳主牆拉出出色的線條，也與客廳設備櫃色彩串聯。除了黑色牆面散發安定力量，大量白色硬體與大採光窗則符合屋主喜歡的明亮本質，也讓開放公共區更顯流暢舒適。

　　最後，畫龍點睛的家具色彩則讓空間更能聚焦。首先，灰色簡約的幾何造型主沙發椅及白色無瑕的餐桌鋪陳出舒適的生活質感，而刻意低調的水泥色木地板則讓紅色餐椅及黃綠色吧檯椅更加耀眼，畫面也瞬間變得活潑亮麗。進入臥室區，設計團隊選擇以沉穩而優雅的灰階作為基調，並於每間房間適度加入個性色彩來為空間增溫。

配色重點

1. 由於室內光線充足，決定延伸出黑色主視覺牆，並成為空間中沉穩的力量。
2. 空間硬體多採用淺灰與白色，配合寬幅落地窗營造流暢空間感。
3. 為了凸顯活潑色調的家具，特別挑選仿水泥色調的灰色木地板，讓餐廳的紅色餐椅與黃綠色吧檯椅特別跳色耀眼。

繽紛入口點亮現代風格居家

為滿足屋主喜歡的現代風格及活潑居家空間氛圍，在獨立格局玄關端景牆上，選擇一幅色彩飽滿且溫暖的現代抽象畫，讓人一入室內就能有眼睛為之一亮的驚艷效果，而作為掛畫襯底的黑牆除了更能顯色外，也可與室內的主視覺牆呼應，凸顯設計的層次美感。

客廳與餐廳的黑色主牆成為焦點

客廳與餐廳串聯無阻的大落地窗給予室內超好採光,加上全室大量淺白色調基底鋪陳,使得空間更顯輕量,因此,廚房區的黑色牆面恰可提供穩定力量,並且與客廳主牆旁的黑色柱體,以及餐廳後方以黑色襯底的主牆,形成公共區三面連結的穩定色調。

輕盈色彩點亮各區，更增律動美

公共區最搶眼的色彩莫過於單椅家具，設計團隊刻意在立面牆選用無色彩的黑與白，及米灰色調電視石牆、水泥灰階的地板做基調，好讓舞台讓給活潑的單椅，客廳淺木皮色單椅、吧檯黃綠色高椅，以及三張紅色餐椅，分別坐落於開放客、餐廳不同地區，更增添色彩律動感。

黃綠色線條讓黑色牆面更出色

餐廳旁結合餐櫃、層板櫃以及切面的立體造型設計，形成視覺美感與實用兼具的餐廳主牆，其中襯底的染黑纖維板展現粗獷中不失質感的態度，而鐵件製成的薄層板在側面烤上黃綠的漆色，在黑色底牆上格外出色，也能與客廳及吧檯區的綠色調有所對話。

酌加暖色調為私房空間加溫

主臥運用色彩為生活稍稍加溫，暖灰色床頭主牆散發沉靜又溫婉的氛圍，搭配左右各一座鮮明跳色床頭櫃，讓空間更有現代感；床尾木牆則內有玄機，讓屋主的儲物與看電視等生活起居機能都整合在裡面，同時也增添了木紋的溫潤質感。

粉紅家飾為理性空間增添浪漫感

女孩房延續暖灰的基本牆色，但色調偏粉色系，更能襯托出居住主人的氣質，在床邊改以懸空抽屜與檯面結合的矮櫃設計取代邊几，輕盈且可隨興陳設的安排讓氛圍更輕鬆自在。另外，檯面上方選用垂吊的粉紅吊燈替代壁燈，搭配粉紅鏡框的穿衣化妝鏡，讓理性空間加入粉紅浪漫氣息。

雙色木牆，將功能牆轉為主視覺

為了滿足屋主在臥室內需要有電視櫃與衣物收納的雙需求，將床尾櫥櫃區先規劃有足量的複合式衣櫥，再配置一座電視櫃；接著，在櫥櫃外設計二道推拉門使櫃體可全部關起來，原木色與染黑木皮的二道拉門形成雙色木牆，讓臥室的視覺隨時可維持簡潔無瑕，色彩上也與公共區有所呼應，木紋的肌理也體現出自然氣息。

04

- Dulux 00NN 53/000 淺灰
- Dulux 30BB 08/225 深藍
- Dulux 10BB 28/116 灰藍
- Dulux 50GY 43/120 灰綠

深藍、淺灰、灰藍
三色塊形塑空間劇場感

文│黃珮瑜　空間設計暨圖片提供│分寸設計

位於深坑山腰上的老屋，原本有漏水跟壁癌問題，且相鄰的兩間衛浴面積比例失當，導致主浴空間過小、不利使用。考量預算與生活需求後，決定將水電基礎工程作為施工主軸，僅將衛浴牆面微調以精簡預算。此外，將封閉型舊廚房改為開放式；L 型檯面不僅擴充了備餐面積，也將電器統合於下櫃，提升了整體美感。

開放式公共區結構樑明顯，但讓它自然裸露，搭配大面積水泥色塑膠地磚，營造出質樸、原味視感；立面藉由深藍、淺灰、灰藍三大塊漆色來劃分客、餐、廚，除了達到機能分界目的，同時也回應屋主工業設計的背景，讓這個與工作室結合的住家，風格更顯著。

為了讓色彩對比不要過於刺激，灰階的顏色除了運用在公共區域，也遍佈整個住家，例如兩間衛浴就是分別套用餐、廚的牆色，讓色彩有延續感，主臥則以灰綠增加清爽，利用不同色調區分出公、私屬性，同時透過色彩的調度，營造出劇場般的氣氛，讓住家表情變得更有趣。

配色重點

1. 深藍、淺灰、灰藍三色塊共構公共區，劃分各自機能、集結個性印象。
2. 以不同灰階調整明度，統合公、私領域色彩，提升整體舒適感。
3. 主臥藉同是冷色調但不同色相的灰綠區分內外，並搭配木質增添溫馨。

以深藍營造深邃、強化區域獨立

因入門視線直透，因此將寬距約 210 公分的牆面以深藍色圍圍，讓客廳形成深邃端景自成一格；餐廳與玄關沒有另設隔屏，於是以淺灰統合成一個色彩區塊，考量餐廳位於過道上完整性較弱，利用黑色格櫃增加收納，同時讓餐區焦點更集中。

深灰藍完美烘托黑色廚具

男主人喜愛烹飪，廚房成為公共區重心。拆除門板及局部牆面後，將原本封閉的廚房改為開放式；獨立散佈的家電則利用 L 型廚具統合於下櫃。帶黃的實木集成板材，與黑色美耐門板結合，提升了高貴感；配襯在深灰藍背景上更能凸顯風采。中段銜接與牆色相仿的烤漆玻璃，讓色彩層次因質地不同而更顯深度。

加大淡色比例平衡深色視覺

公共區選擇水泥色塑膠地磚鋪陳，除了預算考量之外，也因灰色中性、低調的特質方便與其它配色融合。明度低的深藍能減少反射，也具有收縮視覺、強化獨立性作用，而淺灰牆色不僅可降低白、藍對比刺激，也避免風格偏向希臘風，加上又是入門第一道色彩，藉由加大淺色區面積比例增加明亮，讓空間畫面得以平衡不偏斜。

藉彩度跟明度調度灰色表情

玄關區沿著入口同一側配置了懸空櫃與玻璃櫃，搭上燈與椅，成為動靜皆宜的功能角落。雖然使用同一牆色，但吊燈與木桌確立了餐廳定位，反而讓兩個機能區呈現互相支援關係。廚房是生活要角，採用黑色系廚具凸顯重點；灰藍牆色有助烘托廚具，也因彩度跟明度的差異能強調出區域分界，創造變化感。

更衣間以深藍回應視覺連動

更衣間的位置緊鄰玄關，打開時又跟廚房牆面有視覺連動，因此選用跟客廳一樣的深藍增加呼應、減少落差。半開放的灰白色櫃體，降低了封閉式空間的沉悶感，鏡面反射也有助擴展景深、提升明亮。

主浴乾區以淡灰牆、橫貼磚擴充空間感

主臥衛浴格局是淋浴間、洗臉台、馬桶三者並立的狀
態。礙於結構，洗臉台必須與管道間結合，於是用 L 型
白色人造石檯面延展使用範圍；靠近馬桶的下櫃則規劃
成開放式。入口改為橫向滑軌門爭取緩衝距離，右側乾
區則以淺灰牆搭配瘦長型白磚，藉淡色與橫向線條擴充
空間感。

低明度灰綠讓身心得以好好放鬆

主臥以灰綠宣告空間已進入私領域，低明度色彩讓休憩時不會有負擔，綠色系與灰白色板材的搭配，除了營造清爽，也較開放空間的藍色具有暖感。

淡棕灰長磚銜接上、下色塊

客浴套用廚房灰藍做牆色延續設計，在容易受水區塊規劃霧面長型磚，保持日常清潔方便性。灰帶棕的磁磚顏色雖然較淡，但因使用面積大，避免了頭重腳輕疑慮；同時也與浴櫃門板取得協調，讓空間在大地色系的深淺進退中充滿舒適感受。

藍灰磚凸顯乾溼區色差、製造視覺韻律

主浴左側溼區因防水需求將磚貼到頂，半高磚牆刻意作厚讓洗澡用的瓶瓶罐罐得以有收納的地方；上方結合清玻璃，使空間更加穿透。材料上選擇跟乾區色彩、尺寸落差較大的藍灰色系馬賽克磚，製造出視覺韻律感；且溼區選用深色系的磚也較不易顯髒。

● Dulux 90BG 17/120 深藍
● Dulux 30YY 10/038 黑

自由通透框架，
實現專屬的藍灰慵懶之家

文｜Celine　空間設計暨圖片提供｜曾建豪建築師事務所 /PartiDesign Studio

　　屋主喜歡深藍、黑這類顏色，加上經常邀約朋友齊聚，也想要一個通透開放的空間。為串聯色彩與格局，達到相互加乘效果，除了將四房縮減為二房，更破除傳統中央走道兩側是臥房的配置，並充分利用房子擁有大面高樓景觀的條件，將電視牆最小化，以旋轉電視柱取代，主臥房、主臥衛浴皆採取玻璃隔間，達到視線光線相互共享，與寬闊空間的舒適感受。

　　而穿透又能彈性獨立的公、私場域，更圍繞深藍、黑、灰色主軸做出延伸與整體感，例如：衛浴隔間的仿清水模塗料特別勾勒出線條，呼應浴室壁面搶眼的幾何圖騰磁磚；深藍漆色鋪飾的窗景壁面，襯以石墨黑美耐板規劃臥榻，不同光影下隱約透出咖啡、鐵灰色階，卻又能與廚房的黑色鐵道磚、走道噴漆的黑完美融合。另一方面，設計師也透過客廳收納櫃內局部貼飾木皮、彩度較高的軟件搭配，以及特意挑選木紋感鮮明的超耐磨地板等做為配色要角，成功平衡以藍灰黑為主的冷調空間。

配色重點

1. 深藍、黑灰主軸分佈在公、私領域，彼此相互襯托拉出視覺層次也創造空間整體性。
2. 櫃體添加木頭元素，加上紋理鮮明的木地板，以及彩度較高的黃、橘色軟件，讓看似冷調的空間多了溫暖感受。
3. 冷暖彩度之間，透過相近的幾何線條、圖騰予以串聯，也為深色空間增添豐富視覺。

點綴高彩度物件製造亮點

入口玄關選用仿水泥板材打造收納櫃體，並利用地磚做出落塵區以及獨立性，室內穿鞋座椅區以黃色坐墊、藍色層架做出跳色，試圖平衡空間的冷暖調性，同時也由此點出這個家的主題。

圍繞深藍、黑灰的慵懶個性風貌

30 餘坪的住宅，以靈活的生活型態為主軸，透過滑動隔牆將公、私領域做出劃分，並結合電視牆最小化，以旋轉電視柱取代，玻璃滑門底下亦設置捲簾，讓空間彈性大幅度展開、抑或是獨立私密，而在此通透框架下，配置深藍、黑灰主軸色調，實現屋主對家希冀的獨特性。

木皮、抱枕彩度調出溫暖氛圍

利用客廳後方的牆面與空間，打造收納量
體、開放式書房，底牆刷飾仿清水模塗料，
與一旁的深藍漆色產生層次，黑色櫃體內
特意融入些許木皮，加上前端抱枕軟件的
彩度，緩和以深藍、黑灰為主的冷調框架。

統整線條、色彩創造整體感

開放式廚房的黑灰基調，則以材質差異性呈現、賦予視覺
效果，例如地磚選搭黑白對比的幾何磁磚，線條感與衛浴
磚材保有連結與整體性，如水泥紋理的系統面板亦呼應灰
色主軸，而融合牆面與櫃體的走道立面，則特意使用油性
噴漆處理，避免刷漆與噴漆造成些微色差。

深藍鋪底、襯以黑階框出臥榻機能

房子位於高樓擁有得天獨厚一望無際的
景觀，捨棄實牆以玻璃滑門規劃整體空
間，光線、空間感更為寬闊舒適，窗景
牆面則刷飾深藍漆色，主臥內凹的臥榻
區換上黑色階帶出立體層次，美耐板材
質更為實用、也無須擔心髒汙問題。

灰牆勾勒三角線條與磚材相互呼應

針對目前僅有夫妻倆的生活型態,將格局縮減至兩房,主臥房後方的
局部衛浴隔牆,搭配仿清水模塗料回應空間主軸色調之一,同時擷取
磁磚上的幾何圖騰做出三角線條勾勒,讓空間彼此對話、更具整體性。

幾何圖騰磚材凸顯通透衛浴特色

主臥衛浴同樣選用玻璃滑門隔間，維繫空間的開放與通透感，浴缸主牆選搭融合深藍、黑、灰三色構成的鮮明幾何圖騰磁磚鋪飾，與前景玻璃、仿水泥牆面拉出層次並創造視覺焦點，甚至訂製古銅與黑的雙色鍍鈦處理層架，提升精緻質感之餘，又兼具實用的收納機能。

Case
06

- Dulux 50BG 38/011 灰
- Dulux 30BB 83/018 白

不減生活溫度的
冷調灰色宅

文｜王玉瑤　空間設計暨圖片提供｜璞沃空間

二十幾年的長型老屋，有著老房子常見寬幅不夠、採光不足問題，然而仔細研究這看似難解的屋況，最大的原因就是因為寬幅不足，導致隔間方式容易形成長廊浪費空間，而層層隔間牆更因此阻擋了光源，導致光線無法有效導入空間深處。了解了問題根本，設計師首先便針對隔間方式做調整，跳脫過去慣用隔間邏輯，將使用空間規劃在中間，兩側則留出走道形成環狀動線，如此一來可幫助空氣自由在空間裡流動，而來自前後的光源，也能順利導引至室內深處，解決採光不足問題。

既然採光問題已經解決，而且由於增設戶外廊道關係，室內受光面增加，色彩計劃便不需再依循過住習慣，使用大量的白，因此除了天花採用白色，兩側動線走道牆面選用的是退色冷色調的灰，藉此與水泥粉光地板連成一氣，減少分界線條，維持視覺上的簡潔俐落，同時並利用冷暖反差感，與白色天花導引光線由上而下的效果，凸顯出中間主要活動區域木質地板的溫暖質地，為屋主營造出明亮且更具溫度的生活空間。

配色重點

1. 以冷色調圍塑溫潤建材並形成對比，藉此凸顯、提昇溫暖感受。
2. 利用白色反射光線效果，讓光線從上而下，聚焦主要活動區域。
3. 走道牆面統一為素雅灰色，凸顯色彩繽紛、強烈畫作，也為走道增添展示功能。

暖質木地板提昇溫度

在冷色調包圍下，主要活動區域地面採用的是觸感溫潤的木地板，巧妙藉由冷暖材質的差異，豐富空間元素並做出空間界定，而木素材的原始木色，亦可從大量的灰跳脫，形成空間主要視覺焦點，同時提昇居家生活溫暖感受。

以鮮豔畫作活躍冷調空間

屋主有收藏畫作習慣，因此一開始便是以藝廊概念規劃走道空間，當畫作被
一一掛上牆面時，來自作品上的色彩便自然為空間點綴上各種多彩多姿的顏
色，而原來素雅的灰牆，就成了可完美襯托出畫作精采的絕佳底色。

綠色植栽製造空間活力

從室內延伸至室外的植栽牆，除了可將裡外空間做串聯，大面積的綠也可豐富空間色彩元素，製造跳色效果。而在沉穩理性的都市公寓裡，有了整面綠意盎然的綠色植物做點綴，不禁也讓人感染了植物自然散發的生命活力。

色彩融合減少線條干擾

過去缺乏機能的走道，在重新規劃後除了是行走動線，亦是展示畫作空間，為了減少過多色彩與線條干擾，牆面的灰與水泥粉光地面的灰，因同色系關係讓視覺連貫，少了分界線切割，空間線條因而收齊變得俐落，空間感也在形中有了放大效果。

善用色彩原理打造舒眠空間

臨窗主臥受光面積大，雖然明亮卻不利睡眠，挪動床鋪與窗戶保持距離，減少接收過多光源，前後兩面灰牆則因色彩學後退色原理，可改善寬幅不足產生的壓迫感問題，另一方面也能有效柔化光線，幫助製造更為舒適的睡眠環境。

Case 07

Dulux 37YY 61/867 鮮黃
Dulux 00NN 62/000 淺灰

鮮黃櫃體爭取空間感，
個性小宅也有超高收納

文｜Celine　空間設計暨圖片提供｜謐空間研究室

一般對於用色的概念是，小空間要避免使用過於沉重的顏色，簡單的白才能達到放大空間效果。不過，在這間僅僅 10 坪的中古屋改造，設計師大膽跳脫色彩配置常規，以高彩度顏色搭配黑灰基調，結合材料質感的差異變化，反而成功創造出個人化風格。走進室內，一抹鮮黃牆面成為搶眼吸睛的視覺焦點，看似隔間牆，其實是調整格局後，利用雙面櫃爭取空間感、增加收納機能，左側門片、櫃體上方壁面則搭配黑色襯底拉出層次感，而鮮黃牆面亦往右延伸整合臥房門片，讓視覺更有延伸性。有趣的是，相較塗料刷色處理，此處的黑特別挑選帶有紋理的壁紙貼飾，提升細膩質感。

也由於選定將色彩重點放在櫃體上，其它牆面、樑甚至是臥房用色便刻意淡化，捨棄對比過於強烈的白色，而是以淺灰色為定調，藉由灰、黑搭配，呼應男屋主的陽剛特質。至於家具配色同樣以不喧賓奪主的概念，沙發是與地板相近的大地色系、餐桌椅延續與廚具一致的白色調性，以精簡、主題式用色凸顯家的獨特性。

配色重點

1. 黑灰為主的背景框架之下，利用鮮黃櫃體創造吸睛視覺焦點，並特意延伸成為門片色，成功擴展空間尺度。
2. 牆面、樑與臥房色系跳脫白色，選擇以淺灰刷飾，與黑色搭配更能展現屋主的陽剛特質。
3. 衛浴空間選搭綠色浴鏡，結合黑白幾何磁磚，打造活潑豐富視覺感受。

大地色沙發、地坪平衡空間彩度

將客廳位置翻轉，透過旋轉電視柱與餐廚產生界定、維繫互動、延展空間感，考量坪數不大且有大範圍鮮黃壁面的前提下，地坪、沙發皆採大地色系作搭配，尤其是木地板特別採斜向拼貼，讓空間看似有放大的效果。

清爽舒適的灰白餐廚

將原有入口右側臥房變更為開放式餐廚,使畸零空間獲得更好的利用,亦擴增廚房收納,在擁有臨窗且充沛採光條件下,選用白色系廚具與餐桌椅,牆面與天花、烤漆玻璃壁面則延續客廳的灰色背景,令空間有所連貫,卻又呈現清爽悠閒氛圍。

強烈明暗色彩對比，賦予獨特主題

玄關入口利用一致的鮮黃櫃體，賦予完善的鞋櫃收納，同時呼應貫穿整個家的色彩主題，櫃體側邊貼飾明鏡，兼具實用穿衣鏡與反射擴大空間的作用，另一側延續底牆以黑色壁紙鋪陳，讓黑、黃形成搶眼奪目的對比，為小宅創造獨特風格。

黑白幾何圖騰創造輕快活潑感

進入衛浴空間，大地色系磚材與木作為基底的框架中，運用黑白幾何磁磚架構出淋浴牆面與地坪，讓視覺更為活潑豐富，也帶出輕快愉悅的氛圍感受。除此之外，設計師也特別細心選搭綠色圓形浴鏡，柔軟空間線條之餘，局部跳色更有豐富層次效果。

寧靜安定的睡寢空間

相較於公共廳區的鮮明對比，臥房擷取廳區的灰色做鋪陳，加上溫潤的胡桃木，得以享受寧靜的一刻；然而由於受限於坪數必須倚牆擺設床架的關係，左側、床頭後壁面則是選搭相近色系壁紙貼飾，若是摩擦也不易產生髒汙。

- Dulux 70BG 11/257 亮藍
- Dulux 90GG 66/157 淺藍
- Dulux 00NN 53/000 淺灰

注入奔放豔藍和櫻草黃，
打造悠閒度假宅

文｜Eva　空間設計暨圖片提供｜奇拓空間設計

屋主本身為插畫家，對於色彩接受度高，再加上是作爲度假使用的住宅，希望呈現如同咖啡廳般的寧靜氛圍；因此大膽選用餐廳牆面作為空間主視覺，巧妙以木板拼組，覆上亮麗藍色，展現鮮豔活力的同時，也能感受木紋鮮明質感。上方則搭配櫻草黃吊燈，黃藍的強烈對比，加上畫作點綴，為空間注入繽紛氣息。而沿牆增設臥榻，自然流露悠閒氛圍，並特意選用不搶眼的黑色餐桌椅，在鮮豔的色彩搭配下更顯沉穩。

為了讓空間更有開放感，拆除書房隔間，公共區域迎入大面採光；全室天花和牆面刻意選用淺灰色，在不同時段的光影照射下，展現多種層次豐富空間，地面採用富有紋理深色木地板，斜拼鋪陳讓鮮明木紋延展視覺，同時利用上淺下深配色，拉低重心營造穩重感，家具色彩呼應餐廳用色，維持視覺一致性。轉身進入書房和臥房，同樣延續相似色系，運用淺藍色作為主牆，並與淺灰天花相襯，低飽和的色系明度相對較低，能安定空間氣息，打造寧靜舒適的閱讀和臥寢氛圍。

☆ ☆ ☆

配色重點

1. 迎光處的餐廳牆面採用亮藍色做為吸睛焦點，搭配櫻草黃吊燈，形成強烈對比，並以黑色餐桌椅穩定視覺重心不虛浮。
2. 全室天花和牆面以淺灰色鋪陳，搭配深色木紋地板拉低重心，空間更顯穩重。
3. 書房和臥室主牆改用淺綠色營造焦點，延續相似色系設計，統一全室視覺不凌亂。

高彩度湛藍主牆，空間吸睛焦點

在迎光處餐廳牆面以木板鋪陳，並覆上湛藍色系，高彩度的飽和質感，讓人眼睛為之一亮。搭配櫻草黃吊燈，使視覺對比更搶眼，成為空間的矚目焦點。餐桌椅選用沉穩黑色安定氛圍，避免過多色系顯得雜亂。

注入清新藍綠，打造明亮氛圍

開放書房迎入大量採光，搭配低明度藍綠色，使空間更為明亮清爽。窗邊則設置臥榻，注入溫暖木色，塑造寧靜氛圍，留出一隅悠閒的閱讀角落。書桌旁巧妙以格柵適當遮掩視線，一旁行走也不干擾。

淺灰和大地棕，奠定空間基礎

拆除客廳後方的一房隔間，讓客廳、餐廳
和書房全然暢通。天花和牆面採用淺灰色
鋪陳，在大量日光進駐下展現若隱若現的
色澤，奠定沉穩基礎。地面選用深木色，
在藍色的寧靜空間注入溫潤氣息。

限定用色數量，視覺更和諧

為了避免視覺凌亂，整體空間的用色最多三種，因此客廳
的沙發、單椅和矮凳採用灰、藍兩色點綴，和諧的配色讓
視覺達到平衡。一旁的木牆巧妙透過不同深淺木色拼組，
搭配斜拼木紋設計，讓牆面更有層次。

延續灰藍兩色，統一視覺

主臥床頭有大樑橫亙，採用斜頂天花遮
掩樑體，創造宛如小木屋的氛圍，增添
度假氣息。天花和牆面同樣選用灰、藍
鋪陳，統一整體視覺。

09

● Panton 152 U 橘
● Panton 299 U 藍
○ ICI 1501 白

活潑大膽法式用彩，
綴以黑線條勾勒立體感

文｜Celine　空間設計暨圖片提供｜水相設計

　　30 坪公寓住宅，大膽鮮豔用色，想法來自於年輕女屋主背景，曾於法國留學的服裝設計師、造型師身分，同時期待老屋改造能帶點個性、設計感，於是設計主軸便以服裝設計手稿為靈感，並擷取時尚插畫大師 Rene Gruau 之作，反映法式用彩的活潑大膽，在屋主鍾愛的橘藍色系下，天花、牆面等大面積空間維持無色系的白色狀態，濃郁色調則選擇鋪陳在廊道展示櫃、書房、廚房等各個區域作跳色，特別是相較於選擇在牆面或是櫃體立面鋪飾色彩，書房天地壁、甚至是家具皆為一致的橘調，輔以立體框架設計，構成空間中搶眼焦點。

　　有趣的是，入口牆面接縫、衣櫃、衛浴牆面以至於圓弧狀天花板，注入以不同材質、工法處理的黑線條，則是從法式插畫獨有的細到寬、寬到細的線條特色轉化而來，使空間猶如設計師的筆繪勾勒，展現獨特的一面。不僅如此，櫃體設計元素亦吸取拆解領結、皮帶等服飾紙樣線條語彙，抽象化為細節之一；訂製餐桌桌腳則有如縫紉機具，徹底將服裝設計融入空間當中。

☆ ☆☆

配色重點

1. 大面積天壁維持白色基調，搭配鮮艷濃郁的橘藍色塊律動，反映法式用彩的活潑大膽。
2. 看似恣意出現於天花、櫃體、磁磚轉角收邊的黑色線條，呼應法式插畫粗細不一的自然筆觸。
3. 客廳銜接用餐區，以柔美流線弧牆分化剛硬的直角，再聚焦於橘色書房的視覺震撼，成為一大視覺端景。

洗鍊的經典黑白時尚

法式插畫經典的筆觸特色，同樣運用在公共衛浴空間，以帶有手工感的亮白磁磚的主體下，襯托對比出黑色收邊線條，浴鏡懸掛亦利用黑鐵交織作出結構，如此簡約洗鍊的經典，就有如法國服裝品牌 Chanel 的黑白珍珠項鍊。

虛實透視的隱約美感

玄關入口右側因應屋主對書籍、家飾等收納衍生的展示櫃體，鮮明藍色的金屬網烤漆，輔以內部玻璃與鏡面架構的層板與背板，在虛實交錯之下，創造出隱約的錯視趣味，讓看似凌亂的畫面反倒形成一種律動畫面。

自然石板牆帶出層次質感

將電視牆視為展示櫃，沿著 L 型牆面框架出主體，玻璃與鐵件構成的展示系統概念，來自於服裝設計手稿所拆解而出的語彙，由領結、領帶等具象轉化為抽象線條，背後更特別選用較具質感的石板牆帶出層次關係。

木皮染色、烤漆收邊呼應設計主軸

回到私密的主臥房，空間基調以白色為主體，綴以擷取自書房、廚房的暖橘色系作為抱枕軟件的搭配，而衣櫃木皮則特意染成藍色，結合木作烤漆銅色的線條語繪，回應設計主題。

暖橘圈圍書房框出立體感

位於開放餐廚一側的書房，不僅僅是單一牆色的呈現，從天地壁到家具佈滿鮮明的橘色，地板、桌面是沃克板材質，天花和家具則透過塗料與染色、噴漆等處理，創造出空間的獨立與視覺焦點。

跳色浴櫃注入活潑感

主臥衛浴選擇刻劃著天然石紋的立體磁磚鋪飾壁面，打造出復古調性，
一方面襯以藍色發展出的浴櫃色調作出高低層次與豐富變化，左右兩
側為抽屜式收納，中間則因為落水管的關係發展成門片開啟，讓設計
同時兼具實用。

天花黑線呼應法式插畫筆觸

客廳銜接著開放式餐廚，柔美的弧形牆面軟化了空間線條，同時將衛浴入口、收納廚櫃予以修飾隱藏，大空間維持白色框架，暖橘色系則點綴於廚具面板上，與書房、客廳彼此相互呼應。天花轉折點更注入黑線條設計，宛如法式插畫恣意勾勒的筆觸細節。

Case
10

● Dulux 97GY 07/135 綠
● Dulux 40YY 41/054 灰

中性灰對比原野綠，
描繪開放親子互動天地

文｜Celine　空間設計暨圖片提供｜實適空間設計

典型的中古華廈公寓，大門右側是封閉狹小的一字形廚房，三個房間和衛浴產生的走道又陰暗無光，如何突破光線與格局配置的問題？一切便由「月薪嬌妻」日劇場景為聯想，捨棄一房後，打開大門映入眼簾的是，寬敞明亮的開放餐廚與客廳，同時藉由隔間微調，得以照亮原本陰暗的走道。而整體色彩計劃也由此串聯公、私領域，特意利用低彩度深灰處理牆面與隱形暗門、天花，框出有如山洞盡頭般的深邃感，反倒弱化了走道的存在。

以中性色系為主軸，開放廳區因應親子互動情境，於結構柱牆面刷飾黑板漆，並延伸成為廚櫃、客廳背牆色系，特別選用深綠色調的黑板漆，淡化其功能性，自然地與空間融合。在灰、綠基調下，白與木皮扮演中介色彩功能，甚至在廚具吊櫃、客廳層架、主臥衛浴加入粉紅元素，以及公用衛浴獨特的橘色鐵件烤漆，藉由局部跳色，創造空間的視覺亮點與層次感。

☆ ☆ ☆

配色重點

1. 入口焦點的走道底端牆面、天花統一刷飾灰色，刻意用深色拉出景深與層次感。
2. 搶眼的粉紅、橘色做為跳色，給予適當的視覺刺激，更加豐富空間。
3. 以深綠黑板漆、乳膠漆、噴漆處理櫃體、牆面，與灰色拉出強烈對比，創造獨特個性。

灰色基調框出深邃景深

拆除原本遮擋於入口的隔屏，加上一房隔間的釋放之下，陰暗走道瞬間提升明亮度，同時特別選用灰色處理牆面、天花板以及暗門，走道的角色反而被虛化，搭配宛如壁面裝飾般的三角造型把手，讓人一進門立刻被後方框景所吸引。

古銅金、土耳其藍家飾畫龍點睛

以灰色為主軸的公共廳區，沙發依循著同色調，土耳其藍抱枕、古銅金壁燈扮演畫龍點睛效果，留白的牆色搭著些許溫潤木質家飾，讓色彩比例獲得適當平衡；沙發側邊延伸一角的灰色牆面，實則為儲藏間，同時具有拉寬牆面比例的作用。

深綠色拉出強烈對比焦點

捨棄一房得以獲得寬敞的ㄇ字形廚房尺
度，右側利用結構柱深度規劃出一整面
收納機能，以賦予孩子塗鴉樂趣的黑板
漆刷飾柱體，並由此衍生一致色調做為
櫃體噴漆，運用對比跳色創造空間的層
次與獨特性。

粉紅點綴柔化空間氛圍

寬闊的ㄇ字形廚房，不僅擁有充足的收納機能，包含家電
櫃、乾貨雜糧櫃，料理動線也更為流暢，壁面延伸走道灰
色做烤漆玻璃貼飾，訂製鐵件吊櫃則選搭粉紅烤漆處理，
廚房檯面跳脫傳統人造石，改為覆以布紋質感磁磚，在冷
調灰色之下更有柔化、溫暖空間的作用。

異材質跳色營造復古調性

主臥衛浴精簡至簡單的盥洗、如廁功能，
配上黑白幾何地磚拼出獨特圖騰設計，牆
面則是運用塗料與磁磚做出跳色，帶點復
古調性的粉紅與有著手工質感的磚材，創
造小空間的鮮明主題。

用白色削弱大樑與量體

深綠牆色自廚房一路延伸成為客廳主牆底色，讓公共廳區更有連貫性
與整體感。收納量體構築在木質檯面上，加上運用清爽的白色鋪陳，
大樑刻意也與櫃體做出落差，弱化立面與樑的量體感，除此之外，粉
紅噴漆層架也有製造活潑氛圍的效果。

黑與橘創造空間亮點

原本狹隘的公共衛浴重新調整放大空間，創造完善的乾溼分離設計，並且擁有齊全的四件式設備；小空間地坪選搭黑色六角磚，搭配鮮豔的橘色鐵件製造空間亮點，鐵件除了是浴簾掛件，也肩負著浴巾、毛巾收納，甚至是乾、濕隱性區隔的用途。

Case 11

- Dulux 50BG 32/114 灰藍
- Dulux 30BG 14/248 深藍

打開隔間，
擁抱藍白明亮鄉村風

文｜Celine　空間設計暨圖片提供｜原晨設計

　　屋齡超過 30 年的老房子，乘載著屋主一家數十年的回憶，然而居住久了，也逐漸感到空間的不足，「老屋最主要的問題是格局動線不佳，廚房窩在最角落，也沒有獨立的玄關，室內光線也不甚理想。」設計師分析說道。於是，大刀闊斧將格局重新作配置，入口處拉出一區斜角玄關，原本臥房變成客廳，客廳則成為開放式餐廚，書房更以通透門片打造，讓人一進門自然將視線引導落在寬敞的公領域，空間無形中產生放大效果；也由於隔間的挪動，兩面開窗能共同合作讓採光引入，後陽台的光也能透過玻璃摺門一併帶入。

　　在色彩選搭上，因應屋主對鄉村風格的喜愛，以溫暖柔和的中性藍搭配白色鋪陳空間主調，藍色甚至延伸刷飾大樑，自然形成客餐廚的隱約界定，轉折至中島餐桌的立面以及廚房壁面改為深藍烤漆，創造不同深淺立體層次，同時鋪設帶有青花瓷圖騰的相近色系地磚，結合像是線板、拱門、格窗等元素，一點一滴型塑舒適清新的鄉村氛圍。

☆ ☆☆

配色重點

1. 中性藍與白色作為空間主軸色調，局部壁面、家具立面調入較深的藍色，產生深淺立體層次效果。
2. 橫亙於客餐廳上方的大樑捨棄包覆，讓藍色刷漆延伸覆蓋，自然融入空間卻又形成空間隱性隔間。
3. 客廳主牆選用帶有紋理的純白文化石鋪飾，使空間的白擁有不同質感，也成為進門視覺端景效果。

深淺彩度鋪排空間層次感

廚房由角落挪移至與客餐廳形成開放形式，中島吧檯整合餐桌發揮空間效益，主基調藍色漫延至廚房壁面、天花板，重藍彩度則點綴於烤漆牆面、吧檯立面，賦予層次感。

白色文化石牆提升質感

穿過斜角玄關，首先映入眼簾的便是沙發背牆，在藍白交錯的色調下，若僅是以白漆刷飾會過於單調，設計師特別選用帶有紋理、且最具鄉村風格代表的文化石貼飾，讓進門視覺更為豐富。

復古花磚點出風格主題

在屋子入口處拉出斜角玄關，創造出鞋櫃與穿鞋椅功能，斜角開口也有放大視覺效果，將視線自然引導在開放廳區，同時選搭白色為底、綴以藍色圖騰的復古花磚鋪設地坪，點出全屋鄉村風主題。

局部古典語彙融合鄉村風

以柔和溫暖藍白調和的鄉村風格居家,結合線板裝飾於吧檯餐桌立面、
櫃體、天花等處,餐廚甚至加入拱門造型語彙,以及書房隔間的玻璃
格窗,注入些微的古典元素,提升整體的精緻質感。

通透隔間、隔屏保留光線穿透

位於公共廳區一側的書房、臥房，前者特別採取木作搭配玻璃打造的摺門取代隔間，臥房內則選用玻璃隔屏，避免直視睡寢區的尷尬，也藉由通透的材質，達到前後光線流竄，提供老屋明亮的效果。

白色雙層書櫃清爽無壓

中性藍色由公共廳區延伸至書房，搭配白色線板框架出雙層書櫃，避免視覺過於壓迫，同時提供大量藏書需求，最有意義的是，為保留長輩傳承的縫紉機，設計師透過加工改造為獨一無二的實用書桌，讓這份情感得以延續。

Case 12

Dulux 87BG 27/077 灰藍
Dulux 00NN 72/000 灰白

注入寧靜灰藍，
展現清新宅的簡約質感

文｜Eva　空間設計暨圖片提供｜合砌設計

　　此為 18 坪新成屋，空間較小且僅有兩夫妻居住，因此採用開放式格局，藉此擴展視野。屋主偏好藍色，但考量耐看性，刻意採用沉穩的灰藍色系作為空間主色調，並搭配淺色木質，為空間增添清新質感。為了擴大空間，拆除鄰近客廳的一房實牆，改為木作電視櫃，兩側不做滿，並透過玻璃拉門，形成回字動線，使行走更為順暢，採光也能藉此相互流通打亮空間，同時在牆面和樑體注入灰藍色系，勾勒出空間框線，融入沉穩印象；電視牆則採用深灰烤漆延續調性，沙發背牆利用藍白相襯，與三角幾何造型營造打入聚光燈的視覺效果，充滿趣味的設計，讓空間更有活力。

　　灰質空間中特地選用淺色木地板大量鋪陳，注入清爽氛圍；同時在明亮採光的照映下，能讓空間色彩更為輕盈，彩度低的灰藍色也不會過於沉重；而開放櫃體背板和餐廚柱體以 OSB 板鋪陳，讓鮮明木紋質地成為矚目焦點，也增添木質的暖意。

☆☆☆

配色重點

1. 整體空間採用帶灰的藍色，有效安定氛圍，也更耐看持久。
2. 透過白牆對比凸顯清新質感，特地運用帶灰色調的白，讓視覺效果更為統一。
3. 注入淺色木質和 OSB 板，木色和鮮明紋理點綴，融入溫暖氣息。

鮮明木紋，流露自然療癒氛圍 ·························

為了讓視覺統一，開放櫃邊框採用淺藍色勾勒，形成一致的立面設計。同時櫃體背板採用 OSB 板材，拼組的木質紋理帶來原始況味，再加上白色隔板的輔助，搭配綠意植栽，整體氛圍更為療癒自然。

以灰色統一全室視覺

將屋主喜好的藍加入灰色調，讓空間更為寧靜沉穩，電視牆則延續相似色系，表面採用灰色烤漆，視覺更為和諧統一，兩側刻意不做滿，改以白色玻璃格門，弱化電視牆沉重感，接著再輔以淺色地面做鋪陳，避免整體空間感覺過於壓迫。

藍白對比，主臥迎入清新氣息

灰藍色調同樣延伸至主臥，透過勾勒樑體的色彩，營造一致的氛圍；天花管線和空調皆採用白色系，讓視覺更為清新。床頭背牆則鋪陳鮮明木紋，與戶外綠意呼應，迎入自然氣息。

勾勒樑體色彩，空間線條更鮮明

由於採用偏深色的灰藍，為了避免空間過於暗沉，因此改以在樑體上色勾勒，仿若描邊的設計，再搭配軌道燈照明，讓空間線條更為鮮明；而沙發背牆則以藍白相間的手法，同時選用帶灰的白色相襯，透過同色階的搭配，讓白色不會過於突兀。三角色塊的設計如同光線從上往下照射，能讓牆面表情更為豐富。

Case

13

● Dulux 20YY 57/060 暖灰
● Dulux 90BG 16/060 灰藍

暖灰與白的雙色刷法，
畫出簡約摩登居家

文｜Celine　空間設計暨圖片提供｜實適空間設計

　　30 坪左右的新成屋，由於原始格局還算方正，屋主提出希望以精簡裝修概念控制預算。因此，除了打開書房隔間，運用玻璃和鐵件材質創造空間的穿透延伸視感，如何透過材質、色彩的連續性處理，與建商廚具達成協調，更是設計的關鍵。選用與廚具色系相近的橡木規劃鞋櫃、電器櫃以及餐具櫃，彌補收納的不足，最特別的是，相較常見單一牆色的漆法，在這個家，罕見的使用了兩種塗料色彩，以沙發高度、餐具櫃為水平基準線，畫出暖灰與白的雙色配置，從公共廳區串聯走道，企圖展現出挑高空間的優點，一方面讓暖灰在上、腰帶以下為白色，視覺看起來較為輕盈俐落。

　　在地板、家具顏色搭配上，則是特別挑選寬版，且色調較深的木地板鋪設，對應坪數更能彰顯氣勢，擷取牆色、地板色做出定案的紫色皮革底座沙發，不只豐富空間色彩，也帶出穩重感，而局部如層架飾以藍色妝點，亦有營造層次變化的效果。

☆ ☆☆

配色重點

1. 灰白雙色組合，達到豐富層次與賦予溫暖氛圍效果，白色刷飾牆面下半區域，視覺感會更輕盈。
2. 公共廳區、走道運用一致色彩串聯，並透過家具與燈具、層架跳色，讓空間精彩豐富。
3. 臥房選用灰藍與白搭配，並更改為灰藍刷飾腰帶以下牆面，賦予穩重寧靜質感。

鮮豔餐椅選搭活化空間

在溫暖的灰白、橡木框架下，樸實的水泥吊燈呼應簡約氛圍，而餐椅則是特別挑選不同顏色帶出搶眼的視覺層次效果，灰白雙色漆法一路由廳區串聯至走道，凸顯空間挑高優勢。

跳色層架增添生活感

取決地板、牆色所定案的沙發，紫色底座具有讓空間更為
穩重的效果，背牆後方規劃層架做出跳色層次，簡單擺上
家飾品點綴，就是很有味道的生活角落，臨窗面則善用建
築假柱提升收納機能。

白色烤漆、橡木色櫃體淡化壓迫感

玄關入口處利用灰色地磚與室內區隔做出落
塵區，右側橡木櫃體整合規劃鞋櫃、電器櫃，
與廚具相近的色系創造整體感，另一側的白
色烤漆牆面，隱藏了儲藏間以及設備櫃，清
爽用色降低過多的壓迫沉重。

適當雙色比例延展屋高

針對屋主精簡裝修需求，著重以同色調的收納量體整合原始廚具，餐廚增設的餐具櫃、吊櫃，更巧妙結合鐵件與木工融合系統家具，提升整體質感；雙色配置塗料則依循著餐櫃、沙發高度畫出適當比例，延展屋高之外帶來簡潔俐落效果。

寬版深木色地板營造大器之姿

與客廳相鄰的書房隔間予以拆除，採取玻璃鐵件材質打造而成，同時利用隔間整合電視牆，視覺得以延伸，感受寬闊的開放空間設計，輔以寬版、深色木紋的超耐磨地板鋪設，讓空間更有氣勢。

灰藍漆出寧靜沉靜氛圍

將公共廳區的雙色塗料概念延續到主臥房，以屋主喜愛的藍色為主軸，發展出灰藍基調，有別於廳區是腰帶以下為白色，房內改為灰藍在下半區域、白色刷飾上半部，視覺上會更加穩重寧靜，一方面選搭紅色椅子、磚紅壁燈，創造層次感。

- Dulux 30GG 52/011 灰
- Dulux 30BB 10/019 黑

以光佐色，
看見自然北歐風的豐富與溫度

文｜Fran Cheng　空間設計暨圖片提供｜一它設計 i.T Design

一它設計認為：「光，一種自然現象 在各種情境下，有著不同的色溫，無論清晨、午後、黃昏、夜晚，都有著不同的溫度。」因此，在這個被命名為「喜光」的住宅中，設計師運用了自然界中最常見的原木、灰階色調，並且試圖將窗外的景色拉進室內，讓家也能散發出大自然的舒壓能量，進一步療癒家人的身心。

「屋主為雙薪家庭夫妻與二個小孩，平日因忙碌無法經常撥空陪伴孩子，但仍希望營造出適合孩子成長的明亮空間。」在這樣的設計前提下，先以開放格局以及加強陽台採光的設計，創造出一個與大自然晨昏一起變化、共同呼吸的居住環境；接著將天花板設計為尖屋頂造型，搭配木材質凸顯北歐氣息，同時也將天花板的樑線一併整合修飾。在空間配色上則選擇以灰、黑、白三色牆面作為主要視覺，其中客、餐廳的黑白主牆具有定位空間與穩定氛圍的效果，至於霧灰牆則成為自然光的最佳畫布，讓室內上演具生命力的光影變化。

配色重點

1. 在室內以原木尖屋頂、天藍沙發、草綠植物等設計，模擬自然環境色彩，讓家釋放大自然的舒壓能量。
2. 大量引入戶外光源，讓晨昏不同的光線變化照映在室內灰、白牆面，變幻出豐富、鮮活調性。
3. 開放公共區漆上黑色梯形牆面，讓客、餐雙區有了定位感，同時給予白色空間更穩定的氛圍。

霧灰電視牆讓自然光更柔美有層次

電視牆面選擇漆上霧灰色調，相較於一般白色具有些微吸光效果，可使光線產生柔焦感，同時更具層次美感。而其上方搭配白色天花板與間接燈光設計，則讓牆面展現拉升作用，化解屋高不足問題；至於下方配合電視牆配置原木色調的機櫃與收納設計，可為牆面增加溫潤質感。

黑白分明的主牆讓開放格局更有秩序

為了營造出更明亮寬敞的空間格局，公共區採全開放設
計，並透過主牆上黑白分明的色塊來定位出客廳與餐廳雙
區，同時黑白牆色與原木色尖屋頂拼接形成幾何設計美
學，成為自然風居家的最佳背景。

室內綠意與戶外藍天相映成趣

以白色為基調的兒童遊戲區，為了能方便置物、收納，在
一旁規劃白色的工業風層板架，展現簡約感。由於此區可
直接曬到陽光，因此很適合在此養盆栽植物，搭配戶外藍
天，以及地上的人工草皮與灰色系的木地板鋪設，讓高樓
之中也能輕鬆享有一片專屬的自然天地。

暖橘色吊燈，為餐廳灑下美食魔法

餐廳區選擇大理石桌面，除了提升生活質感，也具有增加光澤感的視
覺效果，讓處於非採光面的餐廳增加明亮感。而相當吸睛的餐桌橘色
吊燈，既能為空間帶來造型美，其飽和且溫暖的色彩與光線更可為餐
桌上的美食佐味，增加用餐的歡愉氛圍。

15

- Dulux 30GG 52/011 灰
- Dulux 54GG 47/053 綠

優雅灰和大理石相映襯，
讓美式宅更顯大器

文｜Eva　空間設計暨圖片提供｜天沐設計

經常往返國內外工作的屋主偏好清爽的美式風格，再加上這是作
為度假使用的居所，有宴客招待的需求，因此全室牆面鋪陳灰色奠定
風格基礎，優雅的中性色澤，是經典美式大宅中常見色系，再搭配白
色線板，灰白映襯更凸顯高雅韻味。從入門玄關即可看到一整面的灰
綠色櫃體，在全室灰色中點綴清新感受，也增添暖意。而客廳地面特
地採用灰色盤多魔地板，雲霧般的紋理和牆面相襯，讓同色不同材質
形成和諧的視覺效果。

灰色電視牆一分為二，局部鋪陳大理石，並以鍍鈦金屬修飾邊
緣，更顯輕奢氣息；沙發背牆也延續相同作法，牆面下半部改以白色
線板對比，展現一致的視覺設計。同時搭配灰色古典沙發，並以橘黃
色皮椅點綴，亮麗的色系在灰階空間中成為畫龍點睛的焦點。

由於屋主相當好客，因此餐廳配置四人餐桌並增設中島，擴增座
位便於容納更多人，中島側面則貼覆松木合板，清晰的木紋質感更增
一分溫潤；上方則搭配黃銅吊燈，透過黃金色澤點綴。

配色重點

1. 採用中性冷調的灰與白色相襯，打造乾淨清爽的視覺效果。
2. 注入綠色點綴，在灰階空間中增添清新暖意；而綠色中帶點灰色調，
   則讓視覺更為和諧不突兀。
3. 採用同色卻不同建材的搭配，透過不同材質紋理讓色彩表現更豐富。

灰中添一抹綠更清新

玄關是重要的入門印象，因此地面以銀狐大
理石鋪陳，大器質感不言而喻，櫃體採用灰
綠色作為主視覺，降低彩度的色系不僅與灰
階空間相映襯，代表自然的綠意也添入清新
暖度，而櫃面鋪上線板修飾，注入美式元素，
立體的雕塑也讓空間更有層次。

淺色松木凸顯視覺，增添暖度

為了滿足宴客需求，餐廳搭配實木長桌和大型中島，形成多人聚會中心；中島側面巧妙運用松木合板鋪貼，鮮明木紋讓空間更顯自然溫潤，而規劃在廚房入口的貼心安排，讓備料出餐動線更為流暢，也能在烹調的同時與親友互動。

深色盤多魔，穩定空間重心

客廳和餐廳採用開放設計，因此公共區域
地面以盤多魔地板串聯空間，特地選用深
灰質地，與淺灰牆面映襯更顯沉穩，上淺
下深的配色有效穩定空間重心。而電視牆
鋪陳銀狐大理石，以鍍鈦修飾邊緣，同時
選用帶有黃銅的桌几和單椅，透過金黃色
的運用，添入奢華氣息。

灰白相間的完美比例

將全室牆面使用的淺灰色延伸至樑體，藉此勾勒出空間線
條；沙發背牆下方鋪陳白色線板，搭配灰色釘釦沙發，經
過精準測量的線板高度比沙發略高，完美視覺比例更添經
典美式韻味；中島檯面延續線板元素，但改以銀狐大理石
做搭配，透過同色不同材質混搭，展現更為豐富的色彩。

注入木質和灰綠，營造好眠環境

臥房延續公共區域設計，床頭主牆以線
板鋪陳並延伸至窗邊，形成一體成型的
視覺效果；桌面則採用大理石，點綴輕
奢質感；睡眠區需注重安穩氛圍的營造，
因此改以人字拼木地板，搭配灰綠色櫃
體，透過色彩和木質的暖意，讓空間更
為舒適好眠。

16

- Dulux 10BG 63/097 藍綠
- Dulux 50YR 47/057 粉紫
- Dulux 30BG 43/163 藍綠

清新藍綠和自然木質相襯，
老屋變身清爽北歐宅

文｜Eva　空間設計暨圖片提供｜穆豐設計

此為 40 年老屋，屋主本身熱愛烹調，希望能破除封閉廚房，並為老屋注入乾淨清爽氛圍，打造宛如咖啡廳的空間與家人共度。因此拆除廚房隔間並位移至窗邊，改以半牆區隔，讓通透採光能深入屋內，也能與家人親密互動；廚房牆面以屋主偏好的藕粉色為主色調，為了讓視覺一致，運用同色烤漆玻璃統一空間，地面則鋪陳粉藍復古磚相呼應，粉嫩配色強調清爽，打造少女也心動的空間。

客廳、餐廳全室淨白，牆面櫃體時而巧妙露出淺色木紋，藉由溫潤木質奠定北歐風格基礎；半高電視牆刻意居中，並以藍綠色系做跳色，成為空間視覺中心。一旁的餐桌與廚房相鄰，搭配藍綠線板牆，打造咖啡廳般的悠閒質感，全室則統一選用深色木地板穩定空間重心，同時讓空間更添自然韻味。臥室微調格局，善用畸零空間增設儲藏空間，牆面則沿用相同的藍綠色系，並以線板鋪陳，展現立體溝紋外，也巧妙隱藏主浴入口和衣櫃門片，統一牆面視覺不被切割，有效呈現完整的立面表情。

配色重點

1. 運用藍綠色作為空間主色，搭配自然木紋，傳遞清新北歐氛圍。
2. 全室天花、牆面採用白色奠定基礎，地面則以深色木地板對應，上淺下深的配色，穩定空間重心。
3. 廚房選用藕粉色和粉藍地磚點綴，粉嫩的低飽和配色，打造清新療癒的情調。

全室淨白，藍綠主牆成吸睛焦點

屋主偏好清爽的北歐風，因此公共區域天花和牆面櫃體採用全白設計，搭配木紋點綴，流露自然木色的溫潤質感；空間中央則以藍綠色電視牆作為焦點，在全白背景的搭襯下，視覺效果更為突出。

藍綠色和木質相襯，流露自然氣息

拆除封閉廚房，改以半牆區隔出餐廚區域，半牆運用藍綠色線板鋪貼，同時也成為餐廳的背景，搭配木質餐桌，營造宛若咖啡廳般的悠閒氣息；通透的設計也能邊料理邊看顧小孩，增進家人互動。靠牆處另外設置深藍單椅，創造出一個寧靜閱讀角落。

深色地面和家具，穩定視覺重心

全白的空間刻意採用深色木地板，利用上淺下深配色，藉此奠定視覺重心，避免整體空間過於虛浮。同時搭配灰色沙發和地毯，中性色調不干擾視覺，呈現和諧配色，藍綠主牆和繽紛抱枕則可展現活力，注入北歐的清新調性。

藕色廚房，甜美卻不失沉穩

廚房位移至窗邊，因應充足採光，整體空間採用屋主偏好的粉色為主軸。運用偏紫色系的藕粉色，甜美中帶有沉穩調性，料理區牆面則採用粉色烤漆玻璃，提高防污好清潔效能，讓空間兼具美感和實用。

藍綠線板牆，統一立面視覺

微調主臥隔間，挪出儲藏區，擴增收納機能。而牆面上半部特地以玻璃窗區隔，降低立面沉重感。而臥室門口、主浴和衣櫃皆位於同一立面上，為了避免過多門片產生的零碎視覺，運用藍綠色線板鋪陳，塑造完整的牆面效果。

Case

17

- Dulux 70RB 83/021 粉白
- Dulux 53RB 76/067 粉
- Dulux 40RB 43/233 紫
- Dulux 30BG 43/163 藍
- Dulux 30GG 72/212 綠

拼組繽紛馬卡龍色，
注入少女心的北歐宅

文｜Eva　空間設計暨圖片提供｜合砌設計

屋主個性開朗，對空間用色開放，再加上這是 14 坪的老屋，希望能運用大膽色系讓空間為之一亮，翻轉老屋新生命。由於與相鄰大樓的棟距較近，客廳改設置固定窗，加大採光面積，且全室使用大量白色調，讓空間更為明亮；客廳主牆則運用紅、藍、綠、紫和偏白的粉色，形成繽紛視覺，看了就讓人心情愉悅。幾何色塊的拼組讓色彩律動更為規律，且降低色彩飽和度，增添清爽質感，即便多色拼接也不凌亂；維持整體清淡調性，採用淺色木地板鋪陳，呈現清新氣息。

由於空間較小，餐廳沿牆設置，搭配實木桌椅注入溫馨暖度，牆面另外設置內嵌櫃格，刷上淺藍色讓白牆豐富不單調，並搭配相同色系吊燈統一視覺。主臥和兒童房不落人後，延續耀眼繽紛設計，透過六角和三角幾何造型拼接，讓馬卡龍的粉嫩印象遍佈空間，著實成為少女也心生嚮往的甜美北歐宅。

配色重點

1. 粉紅、藍、紫、綠、白五種色系拼組，採用低飽和度色系，色彩更為和諧一致不紛亂。
2. 全室淨白凸顯繽紛主牆；選用趨近於白的淡粉白色，作為調和色彩的中介。
3. 廚房和衛浴搭配黑白色系花磚和六角磚，簡約配色沉澱空間氛圍。

淺藍跳色，營造清爽氛圍

空間採用趨近於白的粉紅鋪陳，大面積塗刷下能淡化粉色，產生全室淨白效果；餐廳牆面則延續藍色系，在內嵌層架和吊燈以淺藍色鋪陳，形成清新自然的視覺和諧，另外並搭配實木桌椅，讓全白空間更添沉靜韻味。

黑白花磚，奠定沉穩基礎

公共空間採用多種淺色系搭配，為了不干擾視覺，衛浴以黑白色系花磚做鋪陳，透過復古花紋帶來視覺變化性，再藉由色彩上的黑白對比，穩定空間重心，帶來沉穩氣息。

多色拼組，空間更顯繽紛

客廳主牆運用粉紅、藍、綠、紫和白色拼
組，讓空間更繽紛有活力，且為了更精準
配色，經電腦模擬後再於現場施作，提高
成功率，接著再輔以淺色木地板，並延續
與牆面相同的低彩度木色，完美營造空間
淡雅清爽氣息。

幾何色彩，臥室不單調

主臥沿用公共空間色調，以六角造型拼
出繽紛、具律動感的視覺組合，讓床頭
牆面更為豐富有趣；兒童房則沿牆角拉
出對稱的三角造型，營造帳棚般的設
計，仿若在幽暗燈光下置身祕密基地的
氛圍。清爽的藍色讓空間自然散發一股
乾淨簡約調性。

Case 18

● Dulux 20YY 46/515 暖黃
● Dulux 90GG 42/171 藍灰
● Dulux 00NN 13/000 黑灰

局部鮮豔色彩，
點亮黑白灰簡約現代空間

文｜王玉瑤　空間設計暨圖片提供｜IIMOSTUDIO 壹某設計事務所

　　年久失修的老屋，除了需要全面重新整修外，原始空間風格也與屋主喜歡的居家空間有一定落差，因此除了格局與結構有待變更、整修外，型塑出理想的居家風格，也一併由設計師來全面規劃。為了收整原來凌亂的空間線條，首先將樑、柱進行整合，利用櫃體與樑柱進行結合，巧妙將樑柱收藏起來，有效減少線條干擾視覺，型塑更為俐落、清爽的空間，與此同時還能增加收納，滿足生活機能。線條收乾淨之後，接著使用無彩色的黑白灰鋪陳，奠定簡約基調。

　　黑白灰為主的空間容易顯得太過冰冷，缺少家的溫度，因此在梯間塗刷灰藍色，以大面灰階用色為空間增色，同時也能和諧地與主色調共處，另外櫃體、家具家飾、畫作，大膽選用橘、綠、黃、紫等鮮豔色彩單品，利用部局用色，來豐富視覺變化，也讓空間更有活力朝氣，最後再輔以大量木質元素，注入居家最需要的生活暖度。

☆ ☆ ☆

配色重點

1. 以黑白灰三色做為空間主色調，以無彩色系與精簡用色，型塑簡潔現代空間。
2. 鮮豔色彩皆以家具、家飾做表現，小面積使用可成為吸睛亮點，同時也不會因顏色過多而擾亂畫面。
3. 利用材質差異性，來為黑色增添視覺層次，化解單一顏色因缺少變化，而淪於太過單調的問題。

善用材質特性化解純黑壓迫感

打破電視主牆常見設計，以二座高櫃與一道門片，打造一個極具氣勢的完牆立面，然而巨大的黑色牆面過於沉重，因此藉由門片的黑玻反射特質，與鏤空櫃體的穿透感，有效延展視覺，減少迎面而來壓迫感，同時在黑色櫃體局部點綴鮮亮的黃，藉此活化嚴肅的黑色調。

以灰藍色垂直貫穿、導引私領域動線

單純過道功能的梯間，以灰藍色塗刷加以美化、修飾，並將灰階用色，漫延至梯間的天地壁，甚至是二樓的牆面、門片，藉由色彩的連續性，讓視覺與感受不受中斷；而位於二樓的挑高櫃牆，擷取灰藍色裡的灰，雖藉此與灰藍做出空間分界，但相近用色可製造和諧視覺，避免過渡到另一個色彩時感覺太過突兀。

暖黃色調為食欲空間添入溫度

用餐空間不宜使用過於濃厚的冷色調，在維持空間配色原則下，改以大量木質元素圍塑用餐的愉悅、溫馨氛圍，另外再以木質單椅的紫，與延續櫃牆的黃，來增添活躍氣息，至於沉重的黑色主調，則以黑色地磚鋪陳，呼應用色原則，也帶來穩定空間效果。

利用材質差異堆疊層次

需要寧靜、安穩睡眠氛圍的主臥，仍維持公共區域用色，在床頭的灰色牆面上，疊加一個黑色床頭板，材質上下各自為霧面烤漆與黑玻，當光影投射在床頭板表面時，便可藉由不同質感製造出不同光影效果，為素雅用色的空間，增添更有趣的視覺變化。

藉光線投射輕盈黑色量體

原本的主臥衛浴空間相當狹小，為了擴大衛浴空間，又想維持空間寬闊感，設計師打造一個黑色量體，將完整的衛浴功能統統收在裡面，擔心黑色體積過重，上端輔以鏤空線條，並將燈源藏在凹槽裡，當燈打開光線向天花投射時，就能有效將黑盒子輕量化。

Case **19**

利用沉穩灰階
融合中西不同風格

文│王玉瑤　空間設計暨圖片提供│知域設計 NorWe

● Dulux 00NN53/000 淺灰
● Dulux 00NN25/000 淺灰
● Dulux 00NN25/000 鐵灰
● 虹牌 A711 黑板漆

屋主夫妻倆，一個喜歡中國風，一個偏好北歐風，為了滿足兩種截然不同的風格需求，設計師在裝潢過程中著重空間漆色與木素材的選用與搭配，希望在原始空間條件下，利用顏色與建材質感，巧妙將兩種風格元素做融合。

首先在選擇漆色時，挑選理性且介於灰階的灰色，加了灰的漆色可有效淡化灰色原來的冷調，增添讓人感到平靜的沉穩效果，藉此就能型塑出知性、寧靜的北歐空間印象；不過考量到灰階色調比例不宜使用過多，因此漆色刷飾面積僅限在空間視覺焦點的兩面主牆，其餘天花與部份牆面則維持白色，利用兩色混搭製造視覺層次，提昇空間明亮、輕盈感。

規劃出基本的北歐風空間輪廓後，將女主人喜愛的中國風元素表現在家具上，除了具備風格設計元素，也採用穩重的家具款式，挑選家具材質時則選用擺在北歐風空間也不顯突兀的木素材，但在挑選木色時，選擇較深且紋理鮮明的木材種類，以凸顯家具風格元素，也強調中國風予人的穩重感。

配色重點

1. 採用灰階色系，藉由穩重色調，將兩種不同風格自然融合且不顯突兀。
2. 利用灰的不同深淺做變化，延續風格一致性，也減少顏色過多造成視覺凌亂。
3. 白色與灰階色調適當比例做搭配，製造視覺層次，也可打亮空間。

加入白色更顯清新活力

白色是北歐風的經典元素之一，因此進行色彩計劃時，除了主視覺的灰，天花以及其餘牆面則採用了白，一方面呼應空間風格，另一方面當視覺從灰過渡到白色時，可製造舒適且不會過於突兀的視覺效果，而與此同時又可藉由兩色的相互搭配，創造比單一色系更為豐富的空間感。

寧靜主色有助安穩舒眠

女屋主喜歡灰色，希望將灰色運用在主臥，但為了不妨礙主臥放鬆、無壓的空間調性，挑選顏色時，選用了比公共區域顏色更深的鐵灰色，做為主臥主牆顏色，藉此在滿足屋主喜好之餘，也能利用深色具沉澱、放鬆情緒特質，製造有助於入睡的空間氛圍。

深淺混用製造豐富視覺

灰階色系雖能增添沉穩、寧靜感，但應用過多容易讓空間缺少活力，因此沙發背牆，選擇採用比電視牆更淺幾個色階的灰，藉此製造出空間明亮的第一印象，電視牆則維持原來選用的灰色，如此也能做到轉換、豐富視覺層次，同時穩定空間目的。

藉粉嫩色系軟化冰冷的白色調

理應讓人心情穩定的書房，選用了白色做鋪陳，另外並以具溫潤質感的木素材做搭配，增添視感與觸感的暖意，不過全室的白與木色，仍略顯單調、冰冷，因此在規劃為書牆的牆面刷飾粉嫩漆色，雖說牆面因書架而被分割成有如書架背板的小色塊，但意外憑添視覺趣味，且仍不失提昇空間溫度目的。

好搭不出錯的粉色系

不同於主臥充滿主人個人特色與喜好，次臥可能是客房或小孩房，因此色系選用上，以接受度較高的粉色系，做為次臥主視覺，由於粉色系本來就具有柔軟空間效果，因此自然可營造出舒適又清新的空間氛圍，讓人一進到這個空間，便能自然而然放鬆心情，並安心入眠。

Dulux A986F 1501 白
Dulux 30YY46/036 灰
Dulux 90BG 38/185 深藍
Dulux 60YR 75/075 粉

白、藍、綠、灰共舞
居家吹拂北歐涼風

文｜黃珮瑜　空間設計暨圖片提供｜寓子空間設計

案例屬於屋型偏長的住家，翻修前因四房格局造成採光僅能從前陽台進入，偌大公共區卻沒有理想的餐廳位置。此外，主結構樑、柱量體皆十分明顯，無形中也增加了視覺壓迫。考量成員人口數後，將最靠近廚房的臥室隔牆拆除；一來可將後方採光援引入內，達到延展景深與放大空間目的；二來也爭取到獨立餐廳空間。此外，透過建構穀倉門櫃截短過於冗長的電視牆動線，也順勢隱藏了冰箱。造型端景不但增添了活潑，也消弭了結構壓迫的不適，使公共區印象變得俐落又明快。

公共區色彩以白作為主要背景，達到明亮與放大空間視效。但透過家具、家飾與牆色，將灰、藍、綠三種色彩散佈於空間；藉由冷色系與中性色的結合，帶入大自然的想像，搭配些許高彩度的黃作跳色，讓畫面清爽卻不冷清。主臥因床尾衣櫃分割線條多，以素面帶咖啡的灰牆平衡視覺；兩間兒童房則以數種色彩，搭配三角、圓弧等線條增添變化，也凸顯小主人的專屬性。

配色重點

1. 公共空間以白為主要背景型塑北歐清爽，並藉由綠、藍、灰跳色，將天空、湖泊等自然意象融入住家。
2. 男孩房以藍、黃對比斜向切割，除了更有元氣，亦將三角帳篷的趣味融入其中。
3. 女孩房以粉、紫、橘做圓弧堆疊增加柔美，營造小公主般的夢幻氣質。

灰牆對比格紋櫃，素面減少撩亂感

衣櫃門板以黑色鐵件切分成 3 大片，門板上又分成許多 60 公分的小方格，藉此形塑完整的牆面造型；考量床尾分割線條多，床頭以帶咖啡的素面灰牆減少撩亂，遮光簾及臥榻軟墊採灰色系鋪陳，既可回應牆色，也藉由灰階的低調讓休憩空間更舒適。

異材質三色牆激發聯想、營造清涼

餐廳區以磁性漆結合黑板壁紙及雙色塗料共構成為焦點，深藍黑板壁紙因色彩具有收斂感故以較大面積鋪陳，此處也兼具書寫、張貼功用，灰色塗料擔任中介，讓視覺感更平衡，灰綠色塗料延展至側牆，則帶來流動想像。

客廳區以灰、藍、綠點出空間主題色

電視主牆以具有水泥質感、防水、透氣的
樂土,帶來樸拙自然感;灰色沙發除了回
應主牆色調,也具有鎮定視覺作用;藍色
單椅與灰綠地毯搭配,令視覺瞬間降溫,
局部點綴彩度較高的黃抱枕、黃桌腳,藉
由對比刺激帶動空間生氣。

穀倉門截短冗長動線、凝聚視覺焦點

順延大柱水平往右新增一段約 80 公分的木作牆,再與 75
公分的樑下深距結合,建構出一個穀倉門櫃。此舉既可截短
過於冗長的電視牆動線,也替廚房入口冰箱找到藏身之所。
假牆與真櫃結合的穀倉門,不但具有收納實用,也成為醒
目端景,讓悠然自在的情調更加凸顯。

三角色塊增添男孩房彩度變化

男孩房面積雖較女孩房略小,但因使用
冷色調的藍,有利於擴增空間感,藍與
黃的色彩對比提升了朝氣感;白、黃、
淺藍、藍四色,透過斜向色塊讓臥房更
活潑,上淺下深手法不僅創造視覺平
衡,也巧妙地將印地安三角帳篷的趣味
融入其中。

以非均質大地色添加溫潤、襯托主牆

區域內除了用三色牆聚焦，在周邊配置上則採大地色烘托。帶灰板材
借同原木餐桌；透過非均質的色彩表現，添加了畫面溫潤。而百葉窗
篩落的光影，則讓色彩層次變得更有深度。

粉色牆以紫、橘弧紋營造柔美氣質

女孩房以粉、紫、橘三色替牆面帶來變化，圓弧線條使空間表情柔和，堆疊手法則增加視線律動感。超耐磨地板與櫃體木紋讓氛圍更溫潤，但因融入了可調光的白色百葉窗，使臥房變得明亮清爽，不會給人過於甜膩的感受。

Case 21

天空藍配鵝黃，
創造療癒系鄉村風

文｜Celine　空間設計暨圖片提供｜原晨設計

- Dulux 70BG 56/061 淺藍
- Dulux 90YR 48/062 軍綠

　　32 坪的新成屋住宅，屋主夫婦倆為繁忙的上班族，透過網路看上原晨設計的鄉村風格，決定延請設計團隊為其規劃新家，雖然喜愛的是鄉村風，不過倆人也有一些想法：不要太繽紛、色調要耐看，嚮往溫暖自然的氛圍。

　　由於三房二廳的格局還算方正，因此設計上並未做任何調動，公共廳區選定採用大面積的天空藍色調，由玄關一路漫延至客廳、餐廳，避免過重的顏色造成沉悶與壓迫，搭配適當比例的白色木百葉、白與玻璃構成通透門片設計，調合出自然清爽的悠閒步調。另一方面，設計師也特別選用鵝黃色調的文化石取代白色系，加上家具的柚木鋼刷檯面、實木餐桌等溫潤材質的點綴運用，為空間堆砌出溫暖的視覺感受，而非冰冷無溫度。轉身進入主臥房，換上以軍綠帶一點灰階的色調鋪陳壁面，尤其床頭主牆更配上白色壁板，創造出雙色立體層次，更藉此鋪陳優雅柔和的暖調鄉村氛圍。

配色重點

1. 選用柔和淡雅的淺藍色做主軸，表現於牆面與大樑，展現鄉村風自然舒壓效果。
2. 櫃體、線板、踢腳板、門片與木百葉皆以白色處理，與淺藍色是經典配色，也具有放鬆療癒作用。
3. 捨棄白色改用暖黃色調的文化石鋪陳電視牆，有助平衡空間色彩，並賦予溫暖感受，不至於過於冷調。

格子玻璃配白色烤漆，清爽明亮

餐廳旁牆面延續天空藍刷色，讓整體空間更有連貫與放大效果，踢腳線板以及左側通往廚房、書房門片則選用白色烤漆，結合透光卻不透視的格子玻璃，空間感明亮又溫馨。

暖黃文化石平衡空間溫度

從玄關進入室內，轉為鋪設超耐磨木地板，為了平衡淺色天空藍與白色較為冷調的氛圍，電視主牆不再搭配白色文化石，而是特別選用暖黃色調，讓空間更為溫暖柔和。

些微木質基調讓空間溫暖

在大量天空藍與白色所鋪陳的櫃體、線板、門
框設計之下，公共廳區搭配鋪設超耐磨木地板，
以及選搭實木餐桌家具，電視櫃體檯面也襯以
柚木鋼刷木皮，除了為空間注入一些溫暖感受
之外，柚木鋼刷木皮也較為耐刮耐磨，兼具實
用與美觀。

清爽天空藍讓人感到放鬆

大面積的清爽天空藍是入門後的第一印象，配上鄉村居家
必備的白色木百葉、白色踢腳板語彙，當陽光灑落，讓人
不自覺地感到放鬆與舒壓，回應夫妻倆對於家的期許。

兼具安定與優雅的配色設計

主臥房牆面刷上帶了一點灰階的軍綠色
調，同時在主牆設計上加入最具鄉村風代
表的壁板元素妝點，既可以讓空間富有層
次感，也兼具安定與優雅效果。最特別的
是，設計師利用滑軌門片取代制式電視牆，
徹底發揮坪效，使用上更彈性。

Dulux 90YY 40/058 綠
Dulux 10BB 11/126 深藍
Dulux 10BB 64/052 淺藍

化繁為簡的
經典英式藍調

文｜王玉瑤　空間設計暨圖片提供｜知域設計 NorWe

原始屋況其實並不需再做裝潢便可入住，但陳舊的空間風格，與屋主喜愛的英式歐風有一定落差，因此屋主決定延請設計師，重新打造一直以來嚮往的優雅歐式空間。

喜歡英式風格，卻不愛傳統英式風格的繁複線條，於是在維持風格不變的前提下，選擇只留下少量經典元素，如：線板與百葉窗，藉此打造一個更具年輕活力的輕式歐風。回應簡潔俐落的風格框架，空間色彩不適合再使用過重的顏色，但嘗試採用灰階色系，卻發現這類灰色調北歐感過重，於是在幾經討論、測試後，最終決定以淺藍色做定調。

空間主色決定後，空間裡的家具、家飾等顏色便直接從藍色做延伸，利用深淺不同的藍，堆疊出豐富視覺層次，由於皆屬同一色系，因此不只不會讓人感到凌亂，反而可營造視覺的一致性；而以藍為主色調的空間，選用百搭經典的白色來做搭配，凸顯空間主色，也可營造出清爽、輕盈感，呼應簡化過的輕調英式風。

配色重點

1. 運用同色系深淺變化，製造更為豐富的視覺層次效果。
2. 藉由白色與藍色的互相搭配，襯托風格元素，同時又能型塑更為清新的空間氛圍。
3. 運用少量跳色，巧妙做出空間區隔，並製造空間吸睛亮點。

手感磚材營造家的溫度

歐式居家空間裡，經常看到磚材大量被運用，因為不同於經雕細琢過的石材，磚材厚重又不修邊幅，更能展現家的溫度，因此設計師在電視牆鋪貼文化石，利用磚材原始肌理，營造隨興、放鬆的居家氛圍，特別選用白色文化石，讓石材可自然融入整體空間的色彩搭配。

跳色牆面製造入門驚喜

在以藍色為主的空間裡，卻有一面以各種顏色拼貼而成的牆面，雖說是跳脫主色系的鮮豔色彩組合，不過採用英式風格常見的人字拼法，在跳脫常規之餘，仍維持在英式風框架之下，因此並不會顯得突兀，相反地，成為讓人一進門眼睛為之一亮的玄關端景。

藍白混搭更顯清爽俐落

回應空間的淺藍色調，在採光最好的牆面採用白色百葉窗，雖說是基於配色準則，但大片的百葉窗選用白色，可以有顯降低量體存在，減少迎面而來壓迫感，而與牆面的淺藍色互相搭配，也可營造出清新療癒氣息。

可沉澱身心的大地色系

大量的白雖能有效減緩櫃體沉重感，卻也容易讓人感到浮躁無法放鬆，為了製造有助睡眠的氛圍，設計師選擇採用具舒緩特質的綠色，藉由大地色系製造出寧靜氛圍，幫助身心都能沉澱；刻意跳脫藍色系，則是為了與公共區域明顯做出公私空間區隔。

依空間特性調整配色比例

衛浴空間仍延續主空間配色，不過在配色比例上稍做微調，以白為主藍色為輔，並採用尺寸略大的白色磁磚，減少零碎線條，達到放大空間目的；單純藍白配色難免略顯單調，在地板錯落點綴少量藍色系花磚，替衛浴空間帶來更為豐富、有趣的視覺效果。

Case 23

以高彩度藍色，
確立英式風格主調

文｜王玉瑤　空間設計暨圖片提供｜京彩室內設計

- Dulux 90BG 14/337 深藍
- Dulux 70BG 53/164 淺藍

對英國有著嚮往的屋主，將這樣的心情轉化到了居家空間，於是延請設計師來打造心目中的英式風格居家；過程中雖然明確以英國風做為空間主調，但屋主希望可以稍微跳脫一般常見英式風格，融入更具個人化的設計，讓空間與居住者有更深的聯結。

色彩能快速讓人聯想到某種風格，因此一開始便選定以藍色來奠定空間主調，不過台灣空間條件畢竟無法與國外相比，所以彩度偏高的藍色，除了大面積用在規劃為電視櫃牆的牆面外，小部份用在吧檯立面、隔屏，剩餘牆面與天花則保留白色，藉此與藍色適度調和，並達到凸顯藍色效果。

回應冷調且理性的藍色系，地面採用的是能提昇空間溫度，並為視覺與觸覺帶來溫馨感的木地板，刻意選擇偏重的木色搭配高彩度的藍，是為了與天壁較容易讓人感到浮躁的色彩取得平衡，藉此帶來更為穩定且讓人可以沉澱思緒的空間感，也能在滿足屋主同時，打造出一個讓人可以身心放鬆的家。

配色重點

1. 空間主色調的藍選擇以一面牆表現，其餘則小區塊使用，藉此可將空間做串聯。
2. 利用上淺下深配色，兼顧到空間不可或缺的鮮明個性與穩定感。
3. 以白色與藍做搭配，另外再融入少許的綠和黑，豐富色彩元素並做出視覺變化。

白牆與穿透材質援引空間採光

在一片重色調的空間裡，空間末端保留了一面素淨的白色牆面，部份牆面並以穿透材質取代實牆，藉此將來自臥房的光線引入空間，並讓光線經由高明度的白牆反射，提昇空間明亮度，解決末端吧檯區缺乏光線問題。

點綴青春嫩色注入朝氣

略帶長形的空間裡，位於末端規劃為私領域的區域，形成一個尷尬的畸零空間，於是設計師藉由打造至頂櫃體並結合吧檯，再從吧檯延伸出層板桌面，讓此區成為一個多功能區域，櫃體、吧檯與層板並呼應地壁用色，另外再搭配粉嫩色系吧檯椅，注入清新嫩色的元氣，也讓這裡變得有活力。

鮮豔藍色點出空間風格主調

代表英國的鮮豔藍色，除了電視牆，一路
將色彩延續到餐廳櫃牆，藉此拉出一道極
具氣勢的主牆面，不過若全是藍色，難免
太過壓迫，因此以書牆做中斷，不過框架
仍保有藍色元素，讓色彩元素可以延續，
而主牆也得以維持大尺度的大器感。

提高用色明度強調清新氛圍

將英國風元素留在公共區域，但將藍色延續到臥房，只是
在這裡的用色，需顧及睡眠的舒適，因此在以白色為主的
空間裡，選擇其中一面牆塗刷淺藍色，並在拉抽立面，以
同樣的淺藍色做跳色，形成較為活潑的視覺效果。

少量跳色製造視覺亮點

顏色用得多不一定就能有亮眼效果，在
一片素淨的白色主臥裡，色彩元素大量
減少，僅利用深色床架與梳妝鏡櫃來穩
定空間重心，另外並在拉屜立面使用草
綠色做點綴，使用面積雖小，但卻意外
成為空間裡受注目的一大亮點。

- Dulux 90BG 17/090 藍
- Dulux 50GG 40/064 藍綠
- Dulux 10YR 28/072 深棕
- Dulux 30YR 49/097 淺棕

以藍綠棕三色，
型塑活潑優雅兼併的歐風居家

文｜王玉瑤　空間設計暨圖片提供｜晟角設計

獨棟的十幾年老屋，每層樓空間不大，於是就屋況重新整修之後，針對空間屬性，將空間劃分在不同樓層，藉此避免全在一層的擁塞困境，同時也可區隔出公、私領域。屬於公領域，有招待客人用途的客廳規劃在樓上，並以白為空間做鋪陳，空間的暖度則藉布沙發、抱枕與木質調家具做提昇，長型老屋的採光問題，則以開天窗做解決，當光線灑入室內時，白牆的反射效果，可讓採光效果更加倍。

廚房、餐廳和臥房則被劃分在私領域，私人空間的用色，與公領域俐落的白不同，這裡使用的是屋主喜歡的藍，這種藍色調從立面一路漫延至和室滑門和櫃體，而與之搭配的除了經典的白色之外，也加入少量木質元素，利用高明度的白與木色，來平衡空間色彩，達到視覺上的和諧，並讓木素材發揮溫潤特質，提昇空間溫度。至於歐風元素，則從線板、拱形滑門與地面磁磚等方式做體現，藉由經典元素與歐式居家做連結，圈圍出屋主期待中的歐風氛圍。

配色重點

1. 以藍、白兩色區分公私領域，並營造出空間專屬氛圍。
2. 利用白色與木質元素與藍色互搭，避色單一顏色過多過於單調，也藉由材質特色增添冷色調溫度。
3. 私領域以藍綠棕做為空間的基礎色，所有搭配用色皆從這三色出發。

以重色家具與木地板，穩定空間重心

將白色塗刷在客廳天壁，藉此可模糊界線淡化畸零線條，但過白的牆過於缺乏穩重感，因此溫暖棕色沙發、黑色立燈與帶紅色調木地板，可成功穩定空間重心，最後再利用抱枕為空間添入少量色彩，達到活潑視覺，也豐富空間元素目的。

加入少許綠意，製造愉悅用餐氛圍

屋主多採輕食料理，於是順勢將餐廚整合在同一空間，這裡的用色，稍微跳脫藍色，利用綠與木素材植入自然元素，形成空間自然主調，另外並以白色格門與白色櫃體適時點綴，替空間帶來變化，也營造出輕爽、無壓的用餐氛圍。

美感與機能兼具的藍色拱門

將暫時不會使用的兩小房隔牆拆除，整合
成多機能和室，由於隔牆拆除展現整面採
光優勢，因此以玻璃拱形滑門取代一般門
片，利用玻璃穿透效果，將光線引進室內
深處加強採光，而當門關起來形成完整的
藍色立面，則可強調風格元素，並提昇空
間視覺美感。

半開放式設計，為封閉隔局帶來光線

來自走道的光源是唯一的採光，因此為了增加臥房採光，減
少封閉感，隔牆不做滿，留下兩個入口確保行走動線的順
暢，也可接引來自採光面的光線，隱私部份在不影響採光的
前提下，以兩道玻璃格門做加強，雖說清玻無法隔絕視線，
但能適時阻隔噪音，幫助一夜好眠。

以深色調營造穩重質感空間

藍色是屋主喜歡的顏色，於是以藍色地
鐵磚將個人喜好融進衛浴，由於位於房
子末端，擁有絕佳採光，也保有隱私性，
因此大膽採用穿透性高的玻璃滑門，當
光線灑落到空間每一處，偏重的藍色因
此凸顯其穩重特質，進而提昇空間質感。

Case
25

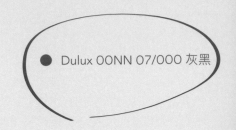

● Dulux 00NN 07/000 灰黑

以色彩統合風格元素，
型塑精緻個性居家

文｜王玉瑤　空間設計暨圖片提供｜京彩室內設計

工業風多半呈現比較隨興、粗獷的空間感，但對女屋主來說太過陽剛，但純粹的美式風格，又無法凸顯個性。面對兩種差異極大的居家風格，設計師的解決方法；便是從中擷取相通的風格元素，來為屋主打造出粗獷中卻不失精緻感的居家空間。為了自然融入屬於沉穩、寧靜的美式風格，首先將工業風元素做收斂，弱化過於強烈的風格印象，只簡單地以厚重的灰黑色調，及少量鐵件元素，來襯托空間裡的工業風調性。而美式風格裡不可少的經典元素線板，則少量並重點應用在空間主視覺的沙發背牆，刻意塗刷上厚重的灰黑色，藉此展現優雅、穩重感，同時也注入一點個性。

有了灰黑色來穩定空間重心，接下來以高明度的淺色系來平衡空間色彩。剩餘牆面選用米黃色壁紙做鋪貼，米黃色有穩定情緒效果，同時也是美式居家經典用色之一，而與之回應的工業風元素，則是帶有黃色調的文化石牆，色彩上完美與壁紙呼應，並藉此共構出溫馨且細緻的居家氛圍。

☆ ☆☆

配色重點

1. 利用濃重色彩強調風格元素、穩定空間重心，並凝聚視覺製造空間吸睛亮點。

2. 白色與灰黑色過於對比，因此選用差異性較小的米黃色鋪陳空間，緩和空間色彩的對立。

3. 私領域著重於改善狹隘感，因此採用中性色系柔化空間，淡化原來空間條件，並適時做出放大效果。

深淺差異聚焦深色牆面

不希望直接定調為美式風居家，因此只保留線板這個經典元素，並將之規劃在沙發背牆，一反常用的白色，刻意使用濃厚的灰黑冷色調，藉此與周邊牆色做出深淺對比，達到強調風格元素目的，同時也能聚集視線成為空間視覺重心。

藉中性藕色完整主臥基礎調性

主臥空間稍嫌不足，為了提昇空間開闊感，在色彩上選用屬中性色調的藕色，
既可化解空間不足形成的狹隘感，亦可發揮中性色沉穩特質，營造睡寢空間的
寧靜氛圍，而一路延續至主臥的濃烈灰黑色調，藉由藕色加以平衡，有效避免
深色櫃牆帶來的壓迫感。

加入淺色家具平衡色彩比例

沙發選用帶有個性的黑色皮沙發，利用色彩的少許差異，與沙發背牆線板形成視覺與風格上的連貫，而過於濃重的用色，適時以淺色抱枕、白色立燈與白色茶几做調配，其中抱枕的毛料與布面材質，更可以稍稍為偏冷色調的空間帶來暖意。

明亮暖色圈圍溫馨用餐氛圍

米黃色壁紙一路鋪貼至私領域與餐廳牆面，餐廳位置恰好位於被三面米黃色牆面圈圍住的中間，因此米黃色的溫暖調性在此得以完全發揮，另外輔以來自木質家具、掛畫的黑色元素，與門框門片的白，化解單一用色的單調，讓溫馨的用餐空間更顯活力。

粗獷手感石材更添空間溫度

從玄關進來的第一印象，就是從電視牆一路鋪貼至玄關的文化石牆，在預告空間風格調性之餘，回應空間用色原則，特別選用帶黃色調的文化石，如此一來也能與米黃色牆面相呼應，而材質上的差異性，藉由色彩完成視覺上的統一。

DESIGNER DATA

IIMOSTUDIO 壹某設計事務所
02-2200-2190 ｜ iimostudio.design@gmail.com
台北市文山區汀州路四段 140 巷 4 號 1 樓

Z 軸空間設計
04-24730-606 ｜ zaxisdesign.ww@gmail.com
台中市南屯區文心南六路 163 號

一它設計 i.T Design
03-7356-064 ｜ itdesign0510@gmail.com
苗栗市勝利里 13 鄰楊屋 20-1 號

十穎設計
02-8661-3291 ｜ wnli.design@gmail.com
台北市興隆路四段 13 號 1 樓

上陽室內裝修設計有限公司
02-2369-0300 ｜ sunidea.com.tw@gmail.com
台北市大安區羅斯福路二段 101 巷 9 號 1 樓

水相設計
02-2700-5007 ｜ press@waterfrom.com
台北市大安區仁愛路三段 24 巷 1 弄 7 號

天沐設計事業有限公司
04-2236-0919 ｜ design@jsd-tw.com
台中市北區益華街 120 巷 1 號

分寸設計 CMYK-studio
02-2718-5003 ｜ design@cmyk-studio.com
台北市松山區富錦街 8 號 2 樓 -3

合砌設計 HATCH Design Co.

02-2756-6908 | hatch.taipei@gmail.com

台北市松山區塔悠路 292 號 3 樓

京彩室內設計

03-3160-358 | jt2233.design@gmail.com

桃園區民有十三街 10 號 1 樓

奇拓室內設計

02-2395-9998 | info@chitorch.com

台北市中正區愛國東路 96 號 3 樓

采荷設計

0913-631-883 | 02-2311-5549 | 07-236-4529 | info@colorlotus-design.com

法蘭德室內設計

03-317-1288 | amber3588@gmail.com

桃園市桃園區莊敬路一段 181 巷 13 號

知域設計 NorWe

02-2552-0208 | norwe.service@gmail.com

台北市大同區雙連街 53 巷 27 號 1F

原晨設計

02-8522-2712 | yuanchendesign@kimo.com

新北市新莊區榮華路二段 77 號 21 樓

晟角制作設計

02-2302-3178 | shenga@ga-interior.com

台北市萬華區柳州街 84 號 1 樓

www.ga-interior.com

DESIGNER DATA

曾建豪建築師事務所 /PartiDesign Studio

0988-078-972 ｜ partidesignstudio@gmail.com

台北市大安區大安路二段 142 巷 7 號 1 樓

寓子空間設計

02-2834-9717 ｜ service.udesign@gmail.com

台北市士林區磺溪街 55 巷 1 號 1 樓

實適空間設計

0958-142-839 ｜ sinsp.design@gmail.com

台北市光復南路 22 巷 44 號

潤澤明亮設計事務所

02-2764-8729 ｜ liang@liang-design.net ｜ a710829@hotmail.com

台北市松山區延壽街 7 號 1 樓

璞沃空間

03-4355-999 ｜ rogerr1130@gmail.com

桃園市中壢區四維路 12 號 1 樓

穆豐空間設計

02-2958-1180 ｜ moodfun.interior@gmail.com

新北市板橋區中山路二段 89 巷 5 號 1 樓

謐空間研究室

02-2753-5889 ｜ stanley@qualia-creative.com.tw

台北市松山區延壽街 402 巷 2 弄 10 號 1 樓

裏心空間設計

02-2341-1722 ｜ rsi2id@gmail.com

台北市中正區杭州南路一段 18 巷 8 號 1 樓

國家圖書館出版品預行編目（CIP）資料

好感居家配色全書：設計師教你挑對顏色，
一次上手的150個空間色彩搭配技巧／東販
編輯部作. -- 初版. -- 臺北市：臺灣東販，
2018.07
　208 面；18×24 公分
　ISBN 978-986-475-715-2（平裝）

　1.家庭佈置　2.室內設計　3.色彩學

422.5　　　　　　　　　　　　　　107008794

好感居家配色全書

設計師教你挑對顏色，

一次上手的150個空間色彩搭配技巧

2018 年 7 月 1 日　初版　第一刷發行
2020 年 6 月 1 日　初版　第二刷發行

編　　著	東販編輯部
編　　輯	王玉瑤
採訪編輯	Celine、Eva、Fran Cheng、王玉瑤、黃珮瑜
封面·版型設計	謝捲子
特約美編	蘇韵涵
發 行 人	南部裕
發 行 所	台灣東販股份有限公司
	地址　台北市南京東路4段130號2F-1
	電話　(02)2577-8878
	傳真　(02)2577-8896
	網址　http://www.tohan.com.tw
郵撥帳號	1405049-4
法律顧問	蕭雄淋律師
總 經 銷	聯合發行股份有限公司
	電話　(02)2917-8022